曾志朗作品集

遠流出版公司

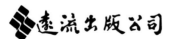

國家圖書館出版品預行編目（CIP）資料

用心動腦話科學／曾志朗著. -- 三版. --
臺北市：遠流, 2012.10
面；　公分. --（曾志朗作品集；1）
ISBN 978-957-32-7059-1（平裝）

1. 科學 2. 通俗作品

307　　　　101017747

曾志朗作品集 1

用心動腦話科學

作者——曾志朗
內頁插畫——劉鎮豪
執行編輯——林麗菲・黃孝如
發行人——王榮文
出版發行——遠流出版事業股份有限公司
104005臺北市中山北路一段11號13樓
郵撥／0189456-1
電話／2571-0297　　傳真／2571-0197
著作權顧問——蕭雄淋律師
□2012年10月 1日　三版一刷
□2024年 5月16日　三版八刷
售價新台幣 250 元（缺頁或破損的書，請寄回更換）

ISBN 978-957-32-7059-1

遠流博識網
http://www.ylib.com　　E-mail: ylib@ylib.com

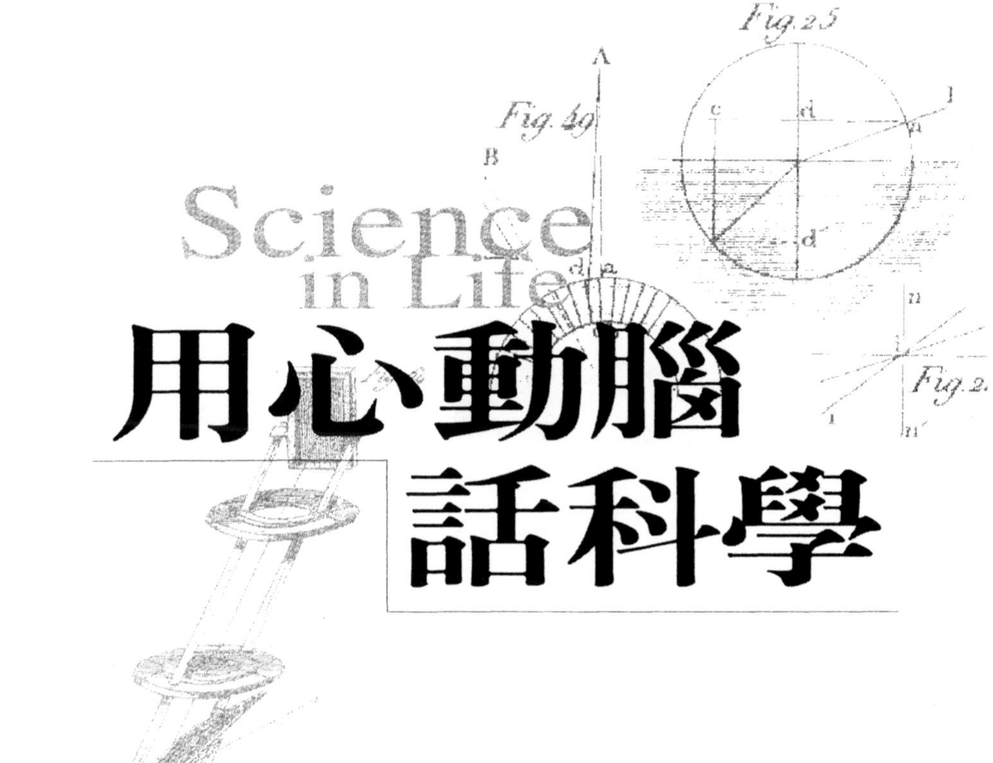

Science in Life

用心動腦話科學

曾志朗——著

目錄

第二篇　動物狂想

第三篇　植物變奏

第四篇　星際之旅

第五篇　生活啓示

第六篇　心智奧祕

新版序

曾志朗

如何使科學生活化一直是我回台後努力的目標之一，在我擔任中正大學社會科學院院長的時候，聯合報的繽紛版請我寫一個小小的專欄，將生活層面的科學知識告訴讀者，當時，編輯告訴我的是「繽紛版是副刊的家庭版，讀者要的是趣味性的知識，不要說教型的文章。」這點我非常同意，只是執行起來相當困難，事實上，寫一篇一千字的短文遠比寫幾萬字的論文來得困難，因爲必須在有限的空間之內表達出文章的主題和這個議題的重點。有一陣子，我只要閒下來，就在腦海中推敲這些句子，連在等飛機要去台北出公差時，都在搜索有沒有合適的題目。所以這本書出來，讀者的反應還不錯的時候，我覺得很欣慰，雖然沒有到撚斷數根鬚的地步，畢竟也是花了很多的心血在上面。現在遠流公司說要再版這部小冊子，令我頗有受寵若驚的感覺。科學一直是我的最愛，能夠讓學生不怕科學，甚至進一步走入科學的領域，那麼我的願望就達到了。

二〇〇〇年六月十五日

作者的話

曾志朗

生活環境中有許多不可解的事物。有心人喜歡動動腦筋去爲這些生命裡的謎找答案，來滿足自己的好奇心。這就是科學的原動力。所以科學研究的源由應該是很生活化的。但一般人卻經常誤解科學是個很冷酷刻板、且高不可攀的學問。許多學生們則以爲科學只是教科書裡那些需要背誦的條條公式而已。在這種模式的教化之下，國人對科學的思維方式顯得不夠靈活。

所以我開始爲報章雜誌撰寫一些短文，希望利用生活週遭的事物來介紹近年來科學上的新發現。有時我提出一些問題，如「誰謀殺了恐龍？」「衣服爲什麼上面先乾？」「彈珠往那裡滾？」等等；有時，我以「不管三七廿一」「天山外的中原人」等文，來試著爲人類的文化史做註解。我只有一個信念：生命的動態會讓我們體會到科學研究的多釆多姿！

這些文章發表之後，陸續收到很多讀者來信。有鼓勵，也有進一步討論某一科學的觀念。台南女中的李庭怡同學卻差點因滾彈珠而掉下了淚珠。她讀到我寫的一篇文章，就決定以不同的方式來滾彈珠，並以實驗結果參加科學展覽的比賽。在從事實驗的過程中，她嚐到了做一個研究者在實驗過程上的喜怒哀樂，而最難能可貴的是她能把自己在最後的困境中拉拔出來。她的經歷，令人感佩。所以當遠流出版公司要把我的短文集中成冊時，我請她為我寫一篇序。我沒有見過她，但因為有像她這樣可教的下一代，才使我感到希望。我們將來的科學園地，應該會到處是怒開的鮮花吧！

一九九四年八月二日于柏克萊

一個高中生的感言

・緣起

「科學向前看——彈珠往那兒滾？」這個印在報上的斗大標題，深深地吸引了正準備著手做科學展覽的我。就平日的印象，科學實驗不外乎是一些瓶瓶罐罐的化學藥品，或是一些大大小小的儀器所組合而成的。沒想到小時候所玩的彈珠，也能搬上枱面，與「科學」拉上關係。基於好奇的心理，對於這個尤饒趣味的標題，不禁令我想一探究竟。

細讀了內容之後，發現文章有別於一般的科學報導：既無艱澀難懂的專有名詞，亦沒有詰屈聱牙的措辭文藻。全文是以相當淺白幽默而不失生活化的口吻，將Physical Review Letters中的一個實驗簡單寫出。不過，我的好奇心並沒有被這篇淺顯易懂的介紹所滿足，而對於文中所描述的現象的疑惑之處，亦無隨作者的停筆而結束，反倒是挑起了我進一步研究及探討問題的興趣。也因此，我便以此篇文章——彈珠往那兒滾，作爲科學展覽的研究主題。

・歷程

投入實驗一段時日之後，便得到一個令人訝異的結果——我的實驗結果與報上所載的結果是截然不同的。後來仍反覆的檢討、操作了數次實驗，情況依舊沒有顯著的改善。而這個波折，不但使實驗慢了下來，亦使原先的假設無法進一步的證實。面對這種陷入膠著狀態的實驗，我不由得急了起來，找不出自己的問題所在，亦無法解開先前所存的疑惑，而科學展覽的交件日期又迫在眉睫。我的思緒，也在此時掉入了泥沼之中，展不開來。爲了盡快了解癥結所在，以及能使實驗早日突破僵局，便趕緊找到文章的原著者——曾志朗教授，希望他能給我一些指正。曾教授雖然沒有直接給我所有問題的解答，但他卻詳細指導我如何找尋論文的原始出處，並提供一些他對我的實驗的建議與看法。而我一直擔心實驗結果與他人不同，對於這個問題，教授反倒要我別煩惱：「只要把實驗結果確實詳細的記錄下來，不需要一直在乎別人的結果。他的實驗結果不一定是正確的！」這段話非但給我莫大的啓廸，亦點醒了迷惑的我。曾教授給我的這個重要觀念——懷疑精神，在我往後的實驗裡，裨益甚大。而「懷疑乃科學進步的原動力」這句話，我也有了更進一步的領悟。在曾教授的用心指正下，問題終於有了改善，實驗也突破困難的瓶頸而有了轉機，稍有尺寸之效。而原本對實驗有些心灰意冷的我，也在此時再度燃起了熱忱。曾教授從我參加校內初賽到最後角逐全國科展，全程適時地對我加以指導，其熱心的程度及負責的精神，一直令我印象深刻，永勒心田。記得有一回教授有事忙，抽不出身，把我的問題稍擱了下來，不過他說了一句令我十分動容的話：「你不用擔心，這件事我一定會負責到底！」而事後他果然又與我聯絡，問我是否有收到資料。這件事至今仍深植我心，難以忘記。由此，也使我體驗到一個從事科學研究的學者，其處事的負責態度及認眞精神，始終如一，並不會因人、事、時空的不同而有所轉變。在研究的過程中，曾教授也導引我進入自然科學中更深一層的領域。我也悟解到，步入科學的路，是崎嶇的，但唯有如此，才能窺見那自然的奧妙，獲得眞理。

・後記

回想起來，作科展的兩百多個日子裡，在曾教授的指點下，學到很多東西，不僅是一般書本上的知識，尤其重要的是方法及態度。在曾教授的身上，我清楚看到了一位成功的科學工作者，其作學問的精神、處事的哲學及學者的風範：要永遠保持著不灰心的態度及不屈不撓的精神，它不但可以使人勇於面對任何困難的挑戰，亦可以讓人禁得起失敗挫折的考驗。無論身心，均不辭勞累，愈挫愈勇。對於眞理的探索，除了要有鍥而不捨的努力、堅定不移的信念及默默耕耘的勇氣之外，更需有懷疑的精神：科學不是靜態的，對長期爲人所接受的學說定理表示懷疑，不斷地尋求證據，唯有一再地深入，才能達到科學的殿堂、知識的領域。若僅存著玩票的性質，或是意興闌珊、面對問題不求甚解、馬馬虎虎，是絕不可能踏入實事求是的科學世界。

科學，是全人類的事業，有賴於人們全力以赴，不被名利所羈絆，不被榮譽所顚覆，才能對科學有所貢獻，對人類有所幫助。

民國八十三年七月二十六日

李庭怡

用心動腦話科學

第一篇

人類記事

1 半歲嬰兒神算子

嬰兒一詞的英文是infant，它的語源來自古拉丁語in-fants。fants是speech（說話），而in是表示否定意義的語首。加起來in-fants指的是「還不會說話的東西」，它的代名詞是it。這表示古代的人認爲初生嬰兒是沒語文思維能力的小動物。這樣的想法持續千年，上一世紀的英國哲學家洛克（Locke）也把嬰兒的心靈比喻爲一張白紙，而由於後天的學習經驗，才使知識逐漸累積，成爲會思想的有靈性之人。

■嬰兒是沒有思維的「東西」？

對於初生嬰兒的心靈有如一張白紙的說法，很多當過媽媽的人都很不以爲然。隔壁王太太剛剛獲麟兒，我們到醫院去向她道賀。她抱起小嬰兒，要我「好好」的看著「它」的眼睛，她說：「你們這些象牙塔裡的學院派才會說他什麼都不知道！你仔細看他，

五個月大的嬰兒，能做簡單的加減運算。

水汪汪的靈性得很哩！我和他玩的時候，他會模仿我的張口抿嘴，他也會隨著我的語音的抑揚頓挫而有不同的神情。他反應如此之敏銳，怎可能是沒有思維的『東西』？他知道的才多呢！哼！你們這些學者專家，才是頭腦不清楚！」

王太太心思很細，而且觀察入微。她說得很對，嬰兒是「知道」很多東西。尤其近幾年來的發展心理學研究，更一再指出嬰兒的內在世界裡，擁有很多我們以往認爲不可能的基本能力。例如，最近Arizona大學的一組研究人員就發現五個月大的嬰兒，竟然會做「加」和「減」的運算！這篇論文發表在英國的《自然》雜誌上，論文之後緊跟著一篇牛津大學教授的評論。他稱此一發現，是「發展心理史上的一件值得大書特書的事件！」

■嬰兒以眼睛掃描顯示其計數能力

五個月大的小嬰兒的「計數」能力是如何被展示出來呢？Arizona的研究人員利用特製的攝影設備把嬰兒眼睛掃描的位置與時間都登記下來。他們發現嬰兒對新奇的事物會「看久」一點。也就是說，如果他看到與原先的預期不相吻合的東西，就會凝視長久，否則就一掃而過。利用嬰兒這個看東西的特性，研究者就設計了幾個實驗。首先，他們在五個月大的嬰兒正前方擺一個玩具的米老鼠，然後用布幕掩蓋起來。這時候在嬰兒面前，又來了一隻米老鼠也走到布幕後面。布幕被慢慢的拉起來，嬰兒看到的是只有一隻米老鼠（1＋1＝1）或者兩隻米老鼠（1＋1＝2）。嬰兒的眼光在前者就會凝視良久，而在後者就會一掃而過、毫不在意！

這個實驗也可以反過來做。先看到兩隻米老鼠，布幕蓋下來，看到其中一隻米老鼠跑掉了。布幕掀開後，有時是剩下一隻米老鼠（2－1＝1），有時是兩隻（2－1＝2）。後者是錯誤的，所以嬰兒的目光就注視比較久。三、四個嬰兒參加了這幾個實驗，結果都非常一致。結論是五個月大的嬰兒不但能看清楚米老鼠的個數，而且能做簡單的加、減！

我把這個實驗結果告訴我那小學四年級的兒子。他說：「那好極了！我可以不必去上學了，因爲算術我小時候就會了！」

2 生日與忌日

對很多人來說，過生日是一件大事。禮品店，買生日卡的地方，以及大大小小的飯店，都因爲有「慶生」這個「禮俗」而無斷炊之虞。尤其西方國家的小孩，每年快到生日的時候，就開始「討」禮物，並計畫要請那些小朋友到家裡來參加「birthday party」。

■「生日」對女人而言是「生命線」，對男人卻是「死亡線」

在我們這個敬老的國家裡，對小孩過生日倒不怎麼重視（當然城市裡的西化家庭是例外），但對老人們「做壽」的重視，確是我們文化的一大特色。「百壽圖」、「龜鶴延年圖」，還有「壽比南山，福如東海」，甚至「萬歲，萬萬歲」都是應老人家的壽誕而產生的。而老人們對其生日之即將到來，也確實有一番期待的心情。

「生日」是女人的生命線，男人的死亡線。

常常聽人家說「某某的祖母雖然病重，但一口氣撐到過了生日才斷，眞是福氣」。但也常聽人家說「某某人的祖父病重過去了，但很遺憾的差幾天就是他大壽的日子」。這兩種說法都是我們人生經驗裡的一些印象。但這些模模糊糊的印象卻意味兩個可以被驗證的假設：⑴人的忌日與其生辰似乎有所關聯；⑵對於生日的期待雖然男女相同，但生命的韌性似乎男女有別。最近社會學研究的一些發現，果眞證實了這兩個想法。

加州大學聖地牙哥校區的社會學家菲力普教授分析了整個加州自一九六九到一九九〇年間所發生的二百七十四萬多個自然死亡的案例，發現「生日」對女人而言是個「生命線」（life-line），但對男人而言卻是個「死亡線」（death-line），因爲老婦人在生日之後的那一個星期的死亡率高於其他的時段，而老頭子死亡率最高的時間卻是生日前的那一個星期。對這個男女有別的現象，科學家目前並不能提出較好的解釋！

■期待團圓本身重於過生日

有一個說法認爲生日的歡宴帶來家庭的團圓，所以做爲「主內」的婦女就很自然的湧起了「看顧全家大小」的動機與能量。這一股力量在眾人離去之後衰竭，然後她就安心的仙逝而去了。但對男人而言，對做壽而全家得以團圓的期待雖然一樣強烈，但「張羅萬物」的事通常不是他的責任，所以一口氣雖然提了上來，卻沒有強勁到能打贏死神的境地，所以眼看著「大壽」的日子到了，卻不得不含恨而去！

這樣的說法不像是個很好的解釋，但它指出另一個看法卻值得探討：期待團圓本身重於過生日！假如是這樣，那對中國人來說，過農曆年、過中秋節這幾個團圓的日子，都會成爲老婦人的「生命線」和老頭子的「死亡線」，而對外國人來說，生日之外，聖誕節、感恩節這些團圓的日子，也會產生相同的作用。菲力普教授所收集的中國人的死亡資料中，果然一再證實這些延伸的想法！

研究死亡是一件痛苦的事。但從這個研究裡，我們看到了人類對生命延續的期待，實在是繫於家庭的溫馨。過年快到了，想辦法和父母一齊團圓吧！

3 科學家眼中的愛情遊戲

中國情人節是農曆七月七日。在七夕那一夜，神話裡的牛郎與織女藉著喜鵲搭橋相會。千年相思，但求一夕纏綿，多情也充滿了哀怨！美國人的情人節是陽曆二月十四日，既不哀憐，更不悲切，卻是充滿了歡樂的氣氛。西方人要求的是赤裸裸的甜蜜，而且直接了當，毫不扭捏作態。所以Valentine的日子一到，包裝精美的巧克力，設計得令人窩心的情人卡，以及東東芳香清新的鮮花，都大發利市。年復一年，兩性歡悅的愛情遊戲不斷上演。這時候最怕的是科學家來湊熱鬧，因爲他們只會抽絲剝繭的分解兩性關係，其結果總是把柏拉圖式的愛情境界破壞無遺。

■兩性結合是增強基因的生命力

可是就眞的有這麼兩位不解風情的科學家，偏偏就選在情人節的前夕，在《自然》

男歡女愛的終極目標是多子多孫。

科學雜誌上發表這麼一篇論文，說什麼兩性結合是生物爲增強基因的生命力所演化出來的策略，眞是殺風景到了極點。但是既然科學家姑妄言之，我們就不妨姑妄聽之。而且我也眞想知道這兩位科學家（一位是Indiana大學生物系的博士候選人，另一位是他的老師）到底用什麼方法寫出這樣唐突的愛情結論。所以在上個月十四日，就是情人節那一天，我走進圖書館，找到那篇文章。細讀之後，覺得這兩位科學家的說詞可不是亂「蓋」的，他們是根據一套電腦模擬的程式，在螢幕上觀察生物繁殖的世代變遷。比較單性生殖與兩性生殖在周遭環境發生巨變時的生存率，發現前者太容易「夭折」了，因此兩性交配確實有「福及子孫」的好處！

■男歡女愛的終極目標

一般說來，對單性生殖動物（如有些甲蟲或蜥蜴）而言，最嚴重的致命打擊主要來自本身基因的突變以及寄生蟲的滋生。因此這兩位科學家就把這兩個負面的因素擺進模擬的程式裡，做爲「天演」的壓力！由於在單性生殖裡，同樣的基因總是由一代傳至下一代。這種照單全收的方式造成兩個致命的後果。第一，基因若發生有害的突變，則只有一直累積，數代之後到了不可收拾的境地，只有走向滅亡！第二，同樣的基因一直繁殖，就容易受到新的寄生蟲的侵襲，也容易被病毒感染。幾代下來，也很快的就到了絕子絕孫的地步。

上述這兩個淒慘的結局，在兩性生殖的過程裡較不容易出現，因爲男性的加入，使得母體的基因數加上一倍全然不同的基因數，下一代的遺傳基因就會有所變化，不再一成不變的等待死亡，也會因爲新基因的加盟而增強病毒的抵抗力。所以兩性生殖在世代繁衍的生存戰爭中是非常有利的。所以男歡女愛就是爲了保證生存的最終極目標——多子多孫！

昨天上課，迫不及待把上述的心得和全班的同學分享，只聽得一聲嬌斥：「這個研究一定是你們臭男人做的，眞是別有用心！」

4 北京人是左派還是右派？

我用右手拿筆寫字，用右手拿筷子吃飯，用右手拿球拍打羽毛球……，所以我的右手臂比左手臂粗壯，我和大多數的人一樣都是屬右利的人。我以前的一位老師用左手拿筆寫字，紙張擺的和身體成直角，卻也寫得字字工整；他用左手拿球拍打網球，舉手投足之間球路眞是令人費疑猜。最令我坐立難安的是看他用左手拿開罐器開罐頭——說有多彆扭就有多彆扭。但看他「逆手而去」，一點也不慌張。他是屬於少數的左利者，俗稱「左撇子」！

■社會對左利者，充滿偏見

左、右利的分野，並非人類的獨有。金雞獨立，有的偏左腳，有的偏右腳。把一個小球綁在一條毛線上和小貓玩，有的貓傾向用右前爪來玩小球，有的貓傾向用左前爪。

北京人大多數是右派。

牠們左傾和右傾的比例大約是一半一半。動物界中只有人類是右利者眾，左利者寡。這種生理上的不對稱，當然會產生心理上的後遺症。你應該能想像一個左利的人要生存在右利人的世界是多麼的委屈。我們的社會對左利者眞是充滿了有意無意的偏見。中國話也把他們呼做左「拐子」，英文裡也稱他們爲「Sinister」。而聖經裡更是說得絕：站在上帝右邊的人上天堂，左邊的都下地獄。在印度用手抓飯，只可以出右手，如不小心用左手出擊，則引來眾目怒視，好似犯下了滔天的大罪！左利者何辜？卻必須在這種長期的歧視中長大。也難怪左利者的平均壽命比右利者顯著的短少了一些！

如果人類右利的傾向是演化而來的結果，那我們應該問一個問題，我們的遠祖到底是右利，還是左利？例如說，在周口店附近的山丘上所發現的五十萬年前的「北京人」，或三萬年前的「山頂洞人」，到底是左利還是右利？他們只剩下殘缺不全的頭骨，而且距離現在如此的遙遠，我們有可能會找到答案嗎？應該會吧！問題是如何去找答案！科學家需要豐富的想像力，因爲那是「五岳尋證不辭遠」的動力！

■古時候敲石起火的人，大多數是右派

到周口店走一趟吧！到這些發現頭骨的地區去探探我們這些遠古的祖先們有沒有留

下任何「手工」製品。譬如說從山頂洞人的埋骨之處，我們發現了岩壁上的灰燼，表示他們可能就是傳說中的「燧人氏」。他們生火也許爲了取暖，也許是爲了熟食。但無論如何，他們總要有起火的方法，如果是擊石起火，則必然有敲擊石塊的痕跡；如果找到這些三十萬年前用來擊石起火的石頭，我們就可以帶回來，在X光的電子顯微鏡下仔細觀察。我們清楚的看到那敲擊之處，有條條石塊撞擊的紋路。把這些有著不同走向的紋路拍照下來，送到聯邦調查局，請有經驗的警探幫忙檢視一下，看看是否能由這些撞擊的紋路上找到一些蛛絲馬跡，來說明這些敲石起火的事到底是左手的人或右手的人幹的!?

我們送去了一百張照片。聯邦調查局的報告在一星期後傳眞回來。報告書上說八十八張「顯然」是右手的人幹的。所以說即使在那「人之初」的遙遠年代裡，「北京人」大多數是右派哩！

5 在天山那一邊的中原人

（本文與王士元教授合寫）

大將西征人未還，湖湘子弟滿天山，
新栽楊柳三千里，贏得春風渡玉關。

這是清朝時代陝甘總督的楊昌濬以詩詠讚大將軍左宗棠在大西北植樹墾荒的豐功偉業。小時候讀這首詩，一方面欽羨左大將軍的高瞻遠矚，一方面又升起一個疑問：「那些被打敗的回人逃到哪裡去了？」

■東干人的中原情結

三年前的元旦前夕，我們幾位對中國語言之分佈有著濃厚興趣的研究者，圍聚在加州大學柏克萊校區的圖書館前，熱烈的討論著蘇聯境內的一支少數民族的語言，其學名

東干文化的中心基礎來自中原。

為「zhunyan」語。它會引起我們的注意是因為這個語言的學名聽起來太像「zhungyuan」（中原）語的諧音，而且使用這個語言的人和上面所引的詩似乎很有關係。因為他們的祖先應該是來自「中原」。最近的一次大規模移民就在清朝，當時的回軍被左宗棠的湘軍打敗，大部分的回民就跟隨著他們的頭領白彥虎逃亡他鄉。他們越過天山，深入俄境的沙丘草原，就在巴爾喀什湖西南的Kirghizstan, Kazakhstan，及Uzbekstan等地定居下來。現在大概有七萬人口，自稱「東干」人。我們在柏克萊的東方圖書館找到了不少蘇俄國家科學院出版的有關東干人的論著，但這些著作並沒能為我們說明東干人與中原語系的關係。所以在那麼一個涼風習習的夜晚，我們幾個人站在松柏滿園的黌舍當中起了個願，決定要沿著成吉思汗的腳步，去為東干人的中原情結找到答案！

半年後，我們由列寧格勒（現在已恢復原名為聖彼得堡）出發，經過無數次的繞道與越積越深的挫折感，我們的吉普車跌跌撞撞的來到了Kirghiz的Tokmak。鎮上的人告訴我們，東去五十公里處就有東干人。精神一下子就興奮起來，臉也顧不得洗就開車直衝過去。村子裡正在準備一個即將到來的婚禮，我們這幾個不速之客立即引起騷動，一下子圍上來好多人。大多數的人長靴短襖，一副哥薩克人的打扮，但是一個個都是黑頭髮，黃皮膚，長得跟你我一模一樣。我們那裡是在蘇聯境內，簡直像回到了家鄉農村的集會。只是他們說的話，像俄語，又不像俄語，卻總覺得有些似曾相識的親切感。那種感覺很奇怪，好像到了一個全然陌生，卻又完全熟悉的世界。

也許這個親切熟悉的感覺是雙方面的，所以不知不覺之中，我們被引進了新郎的新家，隨大伙兒往「炕」上斜坐，先是奶茶一杯，然後水果，羊奶糖，一盤又一盤的端了進來。大家一邊抓東西吃，一面開始寒暄問好。我們憑著一些破碎的俄語，加上攤在炕上的地圖，更加上比手劃腳的手勢，就這麼「閒聊」起來。問他們那裡來的，他們遙指東方，說他們是「回回」的子孫，由天上的山裡下凡來的。問他們平常吃些什麼?他們以爲我們餓了，就端來了乾羊肉片、「lakhman」和「manti」。

乾羊肉片很硬，很香，很「耐」吃。但我們一看到「lakhman」和「manti」就笑開了。那不就是我們平常吃的「辣麵」和「饅頭」嗎?尤其後者，中間塞滿肉碎，實在更像包子。但我們對辣麵變成lakhman感到更有興趣，因爲在中國的古韻裡，「辣」是個入聲字。原來的唸法應該是la加上個t的韻尾。但是在陝北的方言裡，尾聲的t已經演變成喉頭的頓音，因此，由lat變成lak是完全可能的。也就是說，從吃下去的這一碗麵，使我們找到了一個東干語言和中原語言有關的證據了。由入聲想到了「平、上、去、入」四聲，然後我恍然大悟。原來這個聽起來像俄文的語，仍保留了一些中原音韻裡的聲調性質。怪不得我會有那麼深切的熟悉感！

我們把這個發現告訴圍坐的人，這下子就挑起了大家的興趣。新郎倌是位小學老師，也顧不得要娶新娘了。拿了一本小學課本出來，是用蘇俄字母寫的拼音文字。我翻了一下，找到了一課課文。從插圖裡我一看就知道是個大家都熟悉的故事。說的是兩個人到樹林裡去閒逛，熊來了，其中一位趕忙跑上樹，另一位趕快趴下來裝死，熊聞了聞又走開了。樹上的人下來問地上的人：「熊對你說什麼？」趴在地上的人回答：「不要和危急時棄你而去的人爲友！」

我們請這位當地的知識分子爲我用東干話唸這課課文。用錄音機錄了下來。然後，我們根據俄文字母的讀音和課文文義慢慢對照比較。開始的時候覺得雜亂無章。聽了幾次後，漸漸能捉到其中的一些規則，例如北方官話裡的捲舌音「豬」唸成「pfu」，「樹」唸成「fu」，這在中國方言的音變中是很常見的。又如「趴下來」唸成「pa ha la」，和陝北方言的講法是一致的。但最令我們感到興奮的是東干語中，保留了量詞和分類詞的用法，而且很多量詞都趨向中性化，例如用一個、兩個來代替一顆、兩粒等等。量詞的出現使我們百分之百的確認這個語言的源由絕對來自「中原」！

■來自黃河東岸的人們

那麼爲什麼叫東干人呢？當地的傳說是「東干」是他們故鄉的名號。如果是這樣，那東干會不會是「中原」的古音呢？（例如用台語很快的唸中原兩字，聽起來很像是東干呢！）或者更可能的是東干是「東岸」的殘留音韻。那麼東干人就應該指的是來自黃河東岸的人們吧!?

我們在東干的村落住了一個星期，對當地的習俗、文化，做了許多記錄的工作。對當地居民所使用的詞彙也做了收集與分析的工作。我們發現這個語言與其所依附的文化都是結合著好多不同層次的語系與文明。最內一層的中心基礎絕對是「中原」的，而外沿就包紮著一層又一層的阿拉伯語、維吾爾語、阿富汗語、土耳其語、哥薩克語等等。然後，最表面的一層代表當時的強勢文化，表現在俄文的字母及俄語發音的句調上。這種層層組合的結果，使原先的語言與文化似乎消失了。但是深入的分析下來，中原的語言與文化不但沒有死亡，而是有了新的生命！

離開東干時，蘇聯少數民族之間的戰爭已經爆發。我們被匆匆的送出國境，等我們抵達巴黎時，聽說Kirghizstan和Uzbekstan的戰爭相當激烈。我們回到柏克萊校園時，卻收到一封來自Tokmak的信函，是那位新郎倌用東干語寫的，告訴我們他們的村落與村民都安然無恙。想起那「炕」，那「lakhman」，那「manti」，還有那些黑髮黃皮膚的東干朋友們，我們不禁感激的微笑了起來！

6 遠古的女祖先「露西」

一個月前到美國開會，路過加州大學的柏克萊校區，就順便去以前教過書的系裡看看老朋友。走到大門口就被一張演講的海報所吸引，不知不覺走進考古人類學系的演講廳。裡面已經來了好多聽眾，除了學生之外，校外來的人也不少，男女老少，齊聚一堂。那天的主講人是Tim White博士，講題是：「Lucy's Relatives: A New Finding Solving An Old Problem」（露西的親戚們：新發現解決了老問題）。White博士一方面是介紹他最近發表在《自然》雜誌上的論文，一方面也爲了非洲的考古研究工作籌募基金。

■露西是兩腳行走的遠古女祖先

露西是那位在衣索匹亞的Awash河畔被發掘出的女屍殘留骨骼的代號。她在那裡已經躺了將近三百五十萬年，在一九七四年八月的一個清晨由White和他同事Johan-

沙漠中尋找人類祖先。

son帶著助理們所發現的。她被掘出的那天早晨，營帳裡研究助理正大聲播放Beattle的歌曲Lucia，所以大家興奮之餘，就爲這位屬於Australapithecus afarensis的人類遠古的女祖先取名「露西」。她的骨骼保留得相當完整，雖然只有三英尺半的身高，但由其手足、坐骨等的比例看來，她已經脫離了手足並用的樹居生活了。她的腿骨雖然只留下一隻，但已可看出是足支撐全身的重量，因此是兩腳行走而雙手可以自由活動了。從她上臂的骨骼厚度及肌肉相接觸的那又深又寬的肩窩，可以看出她當年是非常的孔武有力；她手臂短小，可以看出她不像現代的人猿（orangutan）一樣的必須靠長長手臂來攀樹抓枝以便在樹上遊走。她的這些特徵使我們看到人類演化史上的一個關鍵：兩腳直立行走後，雙手的向內可以使人海闊天空的來打拚了！

■人類單一遠祖的證據

露西的發現帶來了考古人類學界的興奮。因爲大家似乎找到了「人類單一遠祖」（monogenesis）的證據。但七十年後期在Tanzania的Laetoli又挖出另一批骨骼，他們在結構上很像露西，可是身軀高大，使學界懷疑是屬於完全不同的屬別。有人認爲這可以用來支持「人類祖先有多處源起」（polygenesis）的看法。廿年來，雙方學者爭論不已。

White的演說把兩邊的說詞與證據一一說明，深入淺出把聽眾的想像力帶進百萬年前的人世間。

突然間，燈熄了，安靜了，銀幕上出現一批骨骼，由骨架模擬出人類的雛型，有男有女，散居在非洲各地。他們又像露西，又像Laetoli人，而且有高有矮，大小形狀不一。White說：「他們都是露西的親戚！是一九九〇年在Maka地區出土的。他們的出現指出人類的遠祖應該只有一支，多源說可以休矣！」

那是一場精彩的演講，White的眼神中有滿足的喜悅，銀白色的髮絲在全場爆出的掌聲中閃動！我望著他，心裡一陣陣感動。我也曾在沙漠中待過，了解一片黃沙的寂寞。不得不衷心敬佩這些考古人類學家為尋找人類祖先而長駐沙漠裡的勇氣與耐力。我當場就捐了兩百美元，希望他們為我們找到更多的露西，為我們編織更多科學知識的夢。

我愛露西！

第二篇 動物狂想

7 現代公治長

四月的時候，你若在舊金山附近遊蕩，那滿山遍谷的野花使你深深體會到「春城無處不飛花」的喜悅。如果你駐足短憩，眺望那海天一色的周遭，眼前的景色是如此令人心曠神怡，而身邊更是傳來陣陣輕柔的鳥語，婉轉高啼，響徹了自金門橋到灣橋兩側的山區。原來春天到了，又到了白冠麻雀（White Crown Sparrow）以歌聲來求偶、繁殖幼鳥的季節了。

你仔細聽聽，那些飛高飛低的麻雀，唱的歌都很像，不但長短相當（都差不多是兩秒鐘左右的長度），而且音節與轉折都類似。像是同一族群中的鳥所擁有的共同語言。牠們從早上太陽一出來就開始忙碌，到中午艷陽高照時就略微休息（也許牠們也有午睡的習慣哩！）一直忙到太陽下山伸爪不見鳥趾時才返巢歇息，真是日出而作、日入而息的標準鳥丈夫。但牠們如此勤於歌唱，爲的是什麼？難道是愛「吊嗓子」？牠們會「倒」嗓子嗎

公鳥才唱歌，鳥國有方言。

？牠們是天生就會唱的嗎？需不需要進「鳥語」補習班惡補一下？

■「曾志朗，你吃糧來我吃腸！」

一九七八年的春天，我在加州大學柏克萊校區的語言系教一門語言的生理基礎的課。懷著對白冠麻雀這些歌壇好手的無限好奇心，我領著幾位研究生早出晚歸，一個星期七天（白冠麻雀根本不理會星期天是安息日的說法，我們也只好跟著工作），跑遍了舊金山南北山區，對白冠麻雀展開一系列的田野觀察，並對牠們的鳥語加以錄音。把這些錄下來的鳥語拿回實驗室，透過音譜儀的分析來檢驗其抑揚頓挫的型態。現代科技精密的測量，會不會使我們變成現代公冶長呢？也許從音譜儀音頻高低的變化上，我們會「看」到白冠麻雀在對我說「曾志朗，曾志朗，你吃糧來我吃腸」哩！

為了能錄到更多的歌來做分析，我們也製作了一隻可以被遙控的麻雀標本。配合著它嘴巴的一張一合，我們播放原先錄下來的鳥語。這隻模型鳥果然身手不凡，只要它一走進某一隻白冠麻雀的「勢力範圍」（territory），就立刻引起注意，只要它一開口唱，對方就馬上氣勢洶洶的回應。一來一往，「山歌對唱」，使我們錄下來更多的歌曲，而且我們可以確知是那一個樹叢的那一隻鳥唱的。這種準確是建立科學知識的基本要件。

■人之異於麻雀者幾希 惟賀爾蒙而已！

唱的歌和唱的鳥一一配對的結果，我們發現唱歌的鳥都是公鳥，而母鳥是不唱的，（公鳥頭上有三條直的白紋，看起來像一頂白的皇冠，母鳥頭上沒有所以容易辨認）。這和我們人類歌壇的情形大不相同。但是母鳥每天每日的聽，就是不會唱也會哼幾句吧？而且別的實驗室也報告鳥的唱歌與雄性賀爾蒙有關。所以我們就抓了幾隻雌鳥回到實驗室去，注射適當份量的雄性賀爾蒙。果然不錯，有接受賀爾蒙的雌鳥在模型鳥的引導下，也開始引頸高歌了，而且唱的歌和其配偶的歌一模一樣，眞是夫唱婦隨。有一位學生就問我：「那麼坊間歌壇之女歌星是否雄性賀爾蒙過多呢？」爲了不得罪「瑪丹娜」我只能回答：「人之異於麻雀者幾希，惟賀爾蒙而已！」

從鳥語的音譜分析上，我們也發現舊金山南區的麻雀，唱的歌和北區的歌不太一樣。北區的鳥唱的歌音節較多，而尾音上翹；南區的歌迴轉較多，拉上高音後，以急速下降收尾。這兩種不同的「方言」在金門公園的南北兩方形成河水不犯井水的局面。有一天，我們在公園裡發現了一隻公麻雀，牠有時到北面的海邊去覓食求偶，有時又到南面的山區去幹活。我們想牠一定是兩邊的歌都會唱。於是就跟隨著牠好幾天，錄下牠的歌曲無數，經過音譜分析，果然發現牠確是一隻「雙語」的白冠麻雀。牠在北區，唱起歌來尾音上翹，到了南區，馬上就把音拉高，迴轉幾次後，以急速下降音收尾。所以牠在兩邊都交到女朋友，是十足的花心大少。我們戲稱牠爲「雙語通吃麻雀」！

■白冠麻雀用左腦來唱歌？

五月中，一隻本來唱得十分有勁的公鳥，在覓食的途中不幸撞上附近新建公寓的電視天線，摔下之後我們立刻拾起帶回實驗室療傷，我們發現牠因頭先撞到天線電桿，左腦受了傷，傷癒之後，牠能飛翔也能回到原來的舊巢，但牠不能再唱一首完整的歌了。難道說白冠麻雀也是用左腦來唱歌，就像人類是用左腦來說話一樣的嗎？這個想法不是我們先有的，洛克菲勒大學的一位教授以一種歐洲的鳥做實驗，發現左腦神經被剪除，歌就不能唱了，而右腦神經的剪除卻對唱歌毫無影響。我們在加州的發現只是在自然界觀察到白冠麻雀因左腦撞傷而發生「失語症」的現象。至於這個現象和人類中風之後所引起的失語症是否有共同之處，則眞是開創了一個研究空間，讓愛鳥者去深思吧！

到了七月底，麻雀在做完了「仲夏夜之夢」後，開始收拾行裝，準備南移。牠們將帶著這一季倖存的麟兒飛往南方。公園裡再聽不到牠們的歌聲了。三個月來，我們對牠們每天的生活起居及生活型態都有記錄。牠們吃些什麼，住在那裡，怕些什麼（貓、蛇、鷹，及小孩都可能是幼鳥生命的終結者），孵了幾隻小鳥出來，我們都能如數家珍。牠們的離去，給大家帶來了絲絲的離愁。金門公園看去一片寂靜，托出上一季歌臺舞榭的繁華熱鬧。明年牠們還會再來，但不知是否還是舊識，一代新鳥換舊鳥，這一季孵出的幼鳥明年將是成鳥了，牠將回到牠生長的金門公園，在牠兒時的樹叢裡重複著牠父母的歷程——築巢，求偶，孵蛋——繼續著宇宙生物生存的極終目的——將自己的基因綿延下去，以至萬古。

8 「雞同鴨講」：認錯母親的啓示

我的家鄉是高雄縣的旗山鎮。離鎮外不遠的內門鄉在明末清初的時候曾經出了一位「皇帝」。他叫朱一貴，自稱是明室後裔而稱帝。但當時爲什麼有人會相信他有「天命」的能力而加以推崇呢？根據我們當地鄉野傳奇的敍述，朱一貴有一個令人驚服的能耐；他能指揮成群雞鴨，和他共進共出。他的徒眾說：「他若不是有天子之相，爲什麼連這些沒有靈性的雞鴨都會敬之如神呢？」

■朱一貴「呼雞喚鴨」，自命不凡

朱一貴稱帝只有很短的時光，很快的就被清軍打敗了。但朱一貴「呼雞喚鴨」的能力使我們聯想到了近代生物科學的一個大發現，即有些動物在生下不久的時段裡會產生「銘鑄」（imprinting）的行爲。諾貝爾獎得主Lorenz當年在他鄉村的家園裡也養了很多

動物的「銘鑴」行爲是學習與記憶的關鍵期。

雞鴨。他和朱一貴一樣，都能指揮雞鴨排成一列縱隊，隨著他在園裡園外遊走。和朱一貴不一樣的是，Lorenz並沒有因此自認「天命不凡」而稱帝。相反的，他由觀察雞鴨只有在孵出二十四小時後的一小時段裡（稱之爲關鍵期），才可能建立起對族群的外形面貌認同的行爲。而且在那一特定的時段裡，任何會發生聲音與動作的「東西」都能被初生的雞鴨錯認爲「母親」！Lorenz非常細膩的觀察與實驗，導出動物行爲的重要理論。在科學知識上，建立了非常重要的基礎。

■促進學習與記憶的關鍵期

最近，又有一組研究人員由Lorenz的「銘鑄」理論得到靈感。他們認爲在關鍵期，應該是學習與記憶非常活躍的時期。因此，他們針對初生雞鴨的腦神經作生化的分析，果然發現在關鍵期裡，牠們腦內充滿了促進學習與記憶的蛋白質（Protein Kinase C, PKC）。尤其在左腦一個叫做IMHV的部位，更發現了PKC含量的多寡與學習和記憶成正比。由於這些發現，研究者就能更精細地去分析在學習的過程中PKC的形成與分佈。這使我們對人類與動物長期記憶中的生化基礎，有更深一層的了解。

如果傳說屬實，則朱一貴在幾百年前就可能觀察到了動物行爲一項很有趣的特性。

但這個觀察卻使他自命不凡而有帝王的思想。然而同樣的觀察在西方的科學領域卻導致一系列重要的發現。爲什麼會有這樣的文化差異呢?關心科學教育的學者應該要仔細的想一想吧!?

9 大貓走大洞，小貓走小洞

我的兒子喜歡打「電玩」。爲了不使他流落街頭去尋找那些煙霧彌漫的「電玩遊樂場」，我爲他準備了全套「超級任天堂」任其遨遊。他以「電玩」會友，因此我們家就成了附近小孩放學後「討論功課」的場所。

上星期六下午，我下課回家，見一群八、九歲的小孩聚精會神的在玩「超級瑪琍大賽車」，所有的眼睛都「黏」在電視螢幕上。我進出房間三、四次，但沒有一對眼睛向我瞄一眼。這使我覺得事態嚴重，終於忍不住喊了一聲「暫停」！大家終於看到我了，也聽到我說：「電視機累了，讓它休息一會兒好嗎？」然後我要大家坐下來圍成一圈，並談談他們印象裡的科學家是什麼樣子。

■科學家糊裡糊塗，心不在焉

好的科學家想事物時要顧及全面。

甲小孩：「科學家穿白色衣服，很 neat！」乙小孩：「科學家發明很多東西。」丙小孩：「科學家送人上太空。」丁小孩：「科學家會潛水，拍了很多海底動物的照片。」……這些聽起來像是來自電視影片的介紹令人不甚滿意。我再問一次：「還有呢？」沉靜一陣子後，戊小孩說：「科學家糊裡糊塗，心不在焉！」唉！這個回答倒出乎意料。趕忙問：「爲什麼呢？」

他一本正經的說：「我們老師說的！有一個很偉大的科學家，家裡養了兩隻貓，一大一小。爲了使貓們能自由進出，這位科學家就開了兩個洞。人家問他爲什麼要開兩個洞。他就說『大貓走大洞，小貓走小洞』呀！我們老師說這位科學家太專心他自己的『功課』，所以對日常生活就顯得心不在焉 (mindless) 了。」

我環顧眾小孩，問：「大家都聽老師講過這個故事嗎？」大家都點頭。再問：「老師的說法對嗎？」所有的小孩你看我，我看你，似乎覺得我提的問題很奇怪，大概也是屬於那類「糊裡糊塗」的科學家。還好，我的小孩挺身出來爲我解圍：「我覺得老師說錯了。那位科學家爲兩隻貓開兩個洞的做法是對的。因爲如果萬一發生什麼緊急事故，兩隻貓同時要跑出去時，則兩個洞是必須的；否則就會擠在一起，大家都出不來！」

■科學家的全方位思考

我們從小聽了很多次科學家與貓洞的故事。其結論總是指向科學家對日常生活的不在意！它被當做一個幽默的典故流傳在小學生的課外讀物裡。其實對這一個熟悉的故事，我們不妨給予一個不同的詮釋：好的科學家想事物時要顧及全面，他（她）要想到「萬一」的情況，然後要給予「萬全」的準備。這種「全方位」的思考，不但要想到序列（貓一前一後都走一個洞），還要爲「同時」（simultaneity）做預先的安排。所以我對這一群小朋友說：「這位科學家絕對不是『心不在焉』，而實在是『顧慮周詳』（thougtful）！」

10 鯨聲鯨語

學校裡有電影晚會，演的是「獵殺紅色十月」。聽說是部相當精彩的軍事電影，又是史恩康納萊主演的，因此就帶兒子與他的幾位小朋友一齊去觀賞。電影果然不錯，情節緊湊，故事的娛樂性很高。但最令這些小朋友看得興奮異常的是核子潛艇裡的高科技設備：電腦，影像，海底世界的魚群，「聲納」（sonar）測聽器裡傳來的水聲、魚聲、其他艇艦的聲音，還有那五光十色的控制板更是令人目不暇給。小朋友看得眞過癮。

■潛艇能測聽南腔北調的鯨語

電影結束，大家一齊回家吃點冰淇淋及甜點。吃喝之間也免不了要再回憶電影的情景，尤其對近代潛艇那龐大複雜的運作體系，不得不嘆爲觀止。兒子的朋友小明是加州河邊城的一位高一學生，是他們學校小新聞週刊的編輯之一。他最近才完成了一份研究

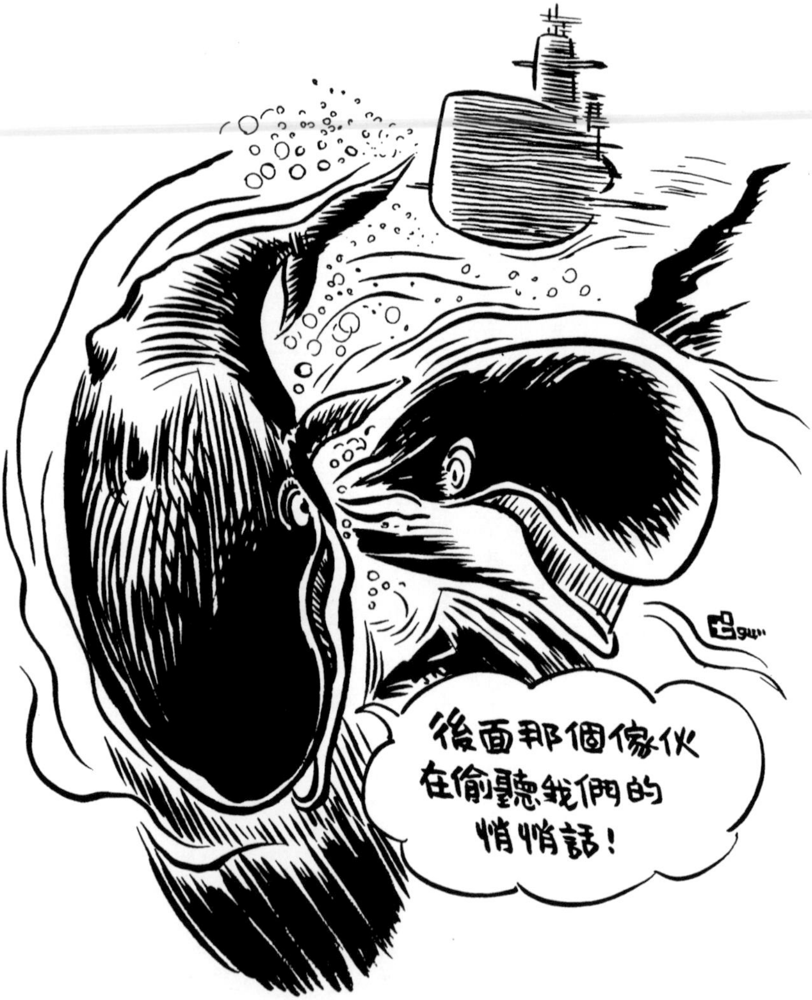

潛艇利用「聽聲辨器」的能耐記錄鯨魚的語音。

報告，寫的是「蘇聯解體後的美國國防」。他提出一個很中肯又合時宜的問題：「現在我們和蘇聯打不起來了，那麼這些造價昂貴、維護費也驚人的潛艇要幹什麼呢？」我覺得這是個值得深入了解的問題，而且很巧的是，我有一位朋友的朋友就是那駐留在Tacoma軍港（在西雅圖南部）的核子潛艇Georgia號的艇長，所以就撥了電話向他問這一個問題。

這位艇長倒很爽快，先說了一段「國防沒有戰時與平時之分……等等」的開場白之後，就話題一轉：「我們有時也做深海的科學研究。因爲我們有最先進的測聽器，可以聆聽深海動物裡各種動物的一舉一動，所以常常和研究深海動物的學者專家合作。最近有一位Cornell大學的海洋動物學家就是利用我們的儀器設備來研究鯨魚的語言！我可以請他把一些資料寄給你們。」

一星期之後，我們果然收到一堆圖文並茂的研究報告，裡面詳註各類鯨魚的形狀、大小、顏色以及它們的生態記實。但令我們最感興趣的是牠們的鯨聲鯨語。報告裡說研究者利用潛艇「聽聲辨器」的能耐，在三個月內收錄了三萬五千次各類鯨魚相互「喃喃對語」的聲音。把這些錄下的鯨語在音譜儀裡仔細分析，再用不同的速度播放出來。他們發現把藍鯨（Blue Whale）的語音加速十倍，聽起來和痲雀鳥所唱的歌很像；而座頭鯨

(Humpback Whale) 那類似捲舌的聲音，播放的速度快一點就聽起來「克利，克利」的響，像地下鐵的車子進站的聲音。這就意含著不同的鯨魚說不同的語言。即使用同一類型的鯨語，也會因地區不同而有南腔北調的「方言」。個別的鯨魚也有說起話來「快鯨快語」，也有慢條斯理的，各有千秋。

■西線無戰爭，海底聽鯨聲

一群鯨魚在海底下七嘴八舌的話家常。牠們怎麼知道是誰在對誰說話？從藍鯨的研究結果上，我們略窺端倪：「這些鯨魚竟然可以借助海底對高音的回音來計算出各條鯨魚的相對位置。這實在是演化史上的一項重大成就。」

潛艇的精密儀器除了可以窺聽鯨魚的話語外，也可以對個別的鯨魚做千里的追蹤，也許有一天，我們對鯨語的語言了解更深入，就可以追著去問牠：「最近海底有沒有大事發生？」

這一切當然都得感謝那條「西線無戰爭，海底聽鯨聲」的現代潛艇了！

11 沒齒難忘

去過澳洲旅遊嗎？浸在南半球海洋上的這塊大地，有崇峻的山岳，有充滿著鱷魚的沼澤，也有旱熱的沙漠，更有一條條萬丈的瀑布，懸掛在層層的山巒之間。但澳洲山水雖然如此多嬌，最令人留念的卻是那跳躍在草原上的袋鼠，以及緊抱著樹幹末端而永遠羞答答的無尾熊（Koala Bear）。這兩種動物代表著澳洲動物界的一大特色。在那裡，雌性動物大都是把新生的小動物帶在腹部外面的一個袋子裡，四處走動，這種現象除了澳洲，在地球上的其他陸地上，幾乎看不到。可是，你可曾想過，芸芸眾生，爲什麼惟有在海天一角的陸地上會有這類天賦「外袋」的動物呢？

■傳說有袋動物因打敗仗而南移

生物科學家對這個問題當然會有百思不解的煩惱。他們認爲在遠古的時期，所有的

一顆出土的臼齒足以使考古動物學家的一項信念破滅。

陸地是連在一起的一大塊，並沒有分成目前各自獨立的幾個大洲。所有的有袋動物（marsapium）及沒袋動物都應該是到處流動在同一大塊的陸地上。那麼，爲什麼在澳洲之外的其他地方我們看不到有袋動物呢？在考古動物學的圈子裡流傳著這麼一個看法。有人認爲大多數的有袋動物都是體型不良（如袋鼠）或毫無戰鬥能力的懦夫，如無尾熊（你看牠那害羞膽小的樣子，你會期望牠成爲一個戰鬥英雄嗎？）牠們在各地被打敗，在這紛爭的動物世界上被淘汰出局。

這一群屢戰屢敗的有袋動物紛紛南移，而在同一時期地殼發生變動，澳洲陸塊與北方的大陸塊分離而漂流到南方的海面。這一批軟弱無能的有袋動物也因此逃脫了北方野蠻動物的侵襲而倖存下來。這樣的說法雖然不能令人完全滿意，但在沒有更好的解釋以前也只有勉強被接受了！而且將近一個世紀了，我們找不到任何有力的證據來反駁這個古老的說法。

■一顆臼齒的發現足以摧毀一項信念

但就在上個月（時間爲一九九三年），一群澳洲的學者在《自然》雜誌上發表了一篇論文，指出他們在山區裡找到了一顆小動物的臼齒（molar）化石。這顆臼齒只有五號鉛印字那麼小的體積。化驗的結果指出它是五千五百萬年前的一種類似大老鼠動物的牙齒。在電子顯微鏡及雷射顯微鏡的掃描之下，在這顆臼齒的側面中央有一尖尖的突起，這和澳洲所有的有袋動物的臼齒都不相同（後者的突起尖端坐落在臼齒的兩側），反而和澳洲地區之外的無袋動物的臼齒一模一樣。這表示在五千五百萬年前，有袋動物和無袋動物曾經並存在澳洲的大陸上！

可是，問題又來了，那些無袋動物到那裡去了？牠們爲何在澳洲大陸消失？難道牠們是被這些貌似忠良的袋鼠和無尾熊的祖先給打敗了嗎？如果我們接受這樣的說法，那我們必須回答一個更大的問題：爲什麼這些有袋動物的祖先在世界各地都到處吃癟，而在澳洲大陸卻能一枝獨秀呢？

科學的證據可大可小，只要合理則無堅不摧。這顆剛出土的臼齒，雖然小不點兒的毫不起眼，但它的發現卻足以使考古動物學家的一項信念破滅。重要的是專業知識的素養與嚴格的訓練使好的科學家一眼就看出它的價值，而一般人卻視若無睹，任其埋沒在荒郊野外，也許這個沒（molar，即臼齒）齒難忘的精神就是科學最精髓的本質吧！

12 螞蟻雄兵

夏天眞的到了，天氣越來越熱了。屋外陽光猛照的日子，你寧可窩在房裡，任炎炎的夏日把柏油路面曬得蒸氣直冒。你只要往外面望一眼，就會被烈日嚇得不敢再往外移動。其實房子外面再熱也不過是攝氏三十五度而已！你能想像在攝氏六十度（相當於華氏一四〇度）的沙漠裡，竟然還會有些生物敢頂著陽光出巡嗎？

■銀蟻冒熱覓食，日正當中出擊

瑞士的一組生物研究人員，花了好幾年的功夫，守在撒哈拉沙漠的不毛之地，耐心地觀測非洲銀蟻冒熱在沙上尋食的壯舉。但見一望無際的沙漠，在中午的陽光下燃燒。幾乎所有的動物都被熱乎乎的烈日照得骨頭都癱掉了。只有那一隻一隻的銀色螞蟻，正趁著「眾物皆癱」的時刻，來個「唯我獨行」的覓食活動，以求在極端惡劣的環境之下

銀蟻在烈日高照的沙漠上外出覓食。

，能突破危險的場面，來求取一線的生機。爲什麼牠們要這麼辛苦呢？原來在牠們的螞蟻洞外頭，經常有蜥蜴在一旁「虎」視眈眈，正在扮演著「守洞待蟻」的勾當。只要這些螞蟻一不小心爬出洞外，則一口一蟻，這些蜥蜴是毫不容情的。

銀蟻們總不能在洞裡坐以待斃吧！爲了逃避蜥蜴的「虎」口，銀蟻就發展出一套在逆境中求生的策略。只見牠選擇在日正當中的時刻才冒然出擊。那時候，但見一隻隻蜥蜴都已被烤得全身動彈不得，只能眼睜睜的看那銀螞蟻在面前橫行而過。更氣人的是這些銀蟻得意著跳躍而去，簡直是欺人太甚！其實，跳躍不是因爲牠得意忘形，而是爲了沙粒實在是太燙腳了，牠必須經常的換腳前進。每一次只能以一隻腳輕輕點在沙上，讓其他的五隻腳輪番休息，手舞足蹈爲的是讓剛剛才被燙到的腳有風涼的機會！你如果也有過走在滾燙的沙灘上的經驗，就會對這些銀蟻的跳躍動作發出會心的微笑了！

■正午出巡也可幫助確定遊走方位

更重要的是這些瑞士的研究者還有一個令人大開眼界的發現。原來這些銀蟻趁著正午的時候出巡，還有一個原因。牠們會利用日光反映在沙漠上的兩極光弧來幫助確定遊走的方位。在牠們那小小的螞蟻腦，竟然能完成如此複雜的計算工作，不得不令人嘆爲觀止。瑞士的科學家很感慨的說：「好像看到好幾部平行分散（parallel distributed）系統的電腦在滾燙的沙漠上移動！」

13 小小鴿子要回家

小時候跟著堂哥餵鴿子，放鴿子，收鴿子，也陪著賽鴿，除了愛湊熱鬧外，也眞的很想知道這些在旗山山谷中長大的鴿子被帶到陌生的澎湖島放行，怎能飛越海洋回到山裡的這個小鎮？這種萬里歸鄉不懼遠行的本領是怎麼來的？

■鴿子以生理時鐘判定方位

二十年後，我在美國的實驗室也養了一大群鴿子，但那是做實驗用的，爲的是要了解鴿子靠什麼線索來判定方位。我們把一百隻鴿子載到五十哩外的山區去釋放，其中有八十八隻回到實驗室。表示牠們都有「返鄉」的能力！再從這八十八隻中任選三十隻，分成兩組，都養在地下室：一組的作息時間如常；另一組則利用照明調整成晝夜顚倒。兩個星期之後，把兩組的鴿子再載到五十哩外的山區釋放，結果作息時間正常的都

鴿子能利用生理時辰來觀日影、定星座。

飛回來了，而晝夜顚倒的那一群卻飛往錯誤的方向。原來鴿子是以生理時鐘和太陽的位置來判定方位，以分辨回家的路線。

■鴿子能以身上的鐵質感應地磁方向

那沒有太陽的夜晚呢？鴿子是否能根據滿天的星斗來判定方位呢？

爲了證實這一點，我把鴿子帶到天文台，將燈光打暗，也把鴿子的翅膀綁起來，使牠不能飛走，只能跳躍，這時候，把天花板上的模擬星座打亮，看看鴿子往那個方向跳過去，再把星座位置依夜晚各時長加以變化。很有趣的，發現鴿子的跳動方向竟然會根據「時」換星移的變化而有移動。

那麼，碰到烏雲滿布，白天不見太陽，夜晚不見星星的時候，鴿子怎麼辨呢？牠就回不了家了嗎？不然，牠們會利用身上對地磁的感應來測定方位，如果在鴿子身上裝一個破壞磁場的儀器，牠就回不了家了。

鴿子能利用生理時辰來觀日影、定星座，更能利用身上的鐵質來感應地磁的方向。聰明得不靠單一的線索來爲未來定出方向。反觀人怎麼能不先衡量各種可能的線索，就爲未來妄下決定呢？

14 衆猴行必有我「私」

■人、猴共通的「藏私」行爲

在紐約市區的一個較偏僻的巷子裡，研究者在牆腳留下美金五元紙幣，然後快速離開隱藏起來。有人走過來，低頭看到紙幣，撿了起來，東張西望，左右無人，把錢往口袋一塞，往前走了。研究者又佈置一次五元紙幣在牆腳的遊戲。又有人來了，這次是一行三人，其中一人看到了紙幣，用腳踩住，若無其事的蹲下來綁鞋帶，順手一摸，神不知鬼不覺的錢進口袋，他跑上前去追上原來同行的人，絕口不提剛剛撿到的意外錢財。一個下午的觀察，研究者花掉了一百五十元，結論是「遺金不拾」是現代人的神話；而「眾人行必有我『私』」的行爲則絕不是「例外」！

Marc Hauser是我十年前在加州大學的一位學生。他最近也做了一個類似的實驗

「藏私」的行爲一旦被發現，一場追打的猴戲就展開了。

。不過對象換了，地點也換了。他跑到波多黎各附近的一個小島上去觀察四十九隻獮猴的掠食行爲。

這群猴子像遊牧民族一樣的由島的一端流竄到各處覓食。有些時候，偶爾會有一隻猴子走出猴群變成「落翅仔」。研究者很快的對準這隻落單的猴子丟下食物，然後走開。問題是這些猴子會不會通知其他的猴子來共享佳餚呢？結果很有趣，大部分的猴子都會發出一種特別的叫聲來通知其他的猴友。但有少數的猴子也會前瞻後顧一番，然後找個較隱密的地點，就自我享受起來。不幸的是這種「藏私」的行爲一旦被發現，一場追打的猴戲就在森林的舞台上展開了。

■可愛的獮猴與人分享食物

Marc追隨這群獮猴已經兩年多了，牠們開始時對他張牙舞爪，敵意十足。但漸漸的牠們就習慣了他的「跟班」了。最近他給我寫了一封信，信裡說：「有一個下午，我躺在營帳裡休息，忽然聽見猴子們發出找到食物的特殊叫聲，我起來一看，原來牠發現了我存藏實驗用食物的地點，但顯然的牠們並不知道那是屬於我的東西。牠們圍著那一大堆食物，高興的跳著，並尖叫著。猴王看看我的方向發出相同的呼叫聲，表現著好像要我過去分享牠們的食物的神情，顯然牠們接受了我，把我當成族群的一份子了，我好感動。比較大都會的人和這叢林中的猴，我覺得猴性比人性可愛多了！」

15 天賦猴權

■「人」性十足的神猴

一九九三年六月中旬，英國倫敦的動物學界舉辦了一場別開生面的論文發表大會。其中有關KoKo的事蹟簡直令人嘆為觀止。KoKo是一隻二十歲大的大猩猩（gorilla），牠學會用美國聾人用的手勢語（American Sign Language，簡稱ASL）來和別人交「談」。牠不但學會了用手勢來表達將近一千個ASL的詞彙，也能聽懂上千個英語的口詞詞彙。平常牠喜歡畫畫，喜歡說些笑話，也很樂意和他人聊天，共同回憶一些往事。牠會為朋友的死亡感到哀傷，更會在談到有關牠自己也會死的時候，表現出渾身不自在的樣子。單從外表看來，KoKo絕對是隻如假包換、貨真價實的大猩猩，但以上所描述的牠的能耐，則我們不能不承認牠確實是「人」性十足！

人類沿親屬鏈往前走，將會看到黑猩猩。

KoKo的成就令人驚爲「神猴」。但科學界對牠的語言學習能力卻有兩種截然不同的看法。一派人士認爲KoKo的能力雖然看似神奇，但那是相對於其他的動物而言。如果把牠的語言表現和一位十歲（二十歲的大人就更甭提了）的普通兒童相比，則其「語法」的複雜性實在是太微不足道了。雖然KoKo也能創造新詞，例如牠把兩個手勢語「瓶子」和「火柴」串在一起去指稱「打火機」了。又如牠第一次看到「斑馬」時打出了兩個手勢語「白色」、「老虎」。但這些富有創意的例子還是太少了。比起人類語言表達中，以有限的元素去創造幾乎無限的語義的功能，那眞是不可同日而語。所以這一派人士認爲KoKo只不過比馬戲班裡的表演更高明一些而已。

另一派的看法則完全不一樣。他們認爲KoKo所表現的是智慧潛在能量。語詞量的多寡並不重要，更不應該用來區分人、猴的標準。因爲大猩猩正在學習利用一種牠們完全不熟悉（或者說是和牠們的演化歷史無關）的方式去做爲交流的工具，其成就之不如人類是應該可以預期的。只要質的表現相似，我們都必須承認KoKo在靈性的層面上，已經與人類相當接近了。這樣的想法，在最近幾年的分子生物學研究上更得到了充分的支持。加州大學柏克萊分校的科學家發現人類和黑猩猩（pygmy chimpanzee）有百分之九十八點四的ＤＮＡ是相同的，而黑猩猩與人猿（orang-utans）共有的ＤＮＡ才只有百分之九十六點四。也就是說，對黑猩猩而言，人類才是牠們的近親哩！

■黑猩猩是人類的至親

英國的學者有一個很妙的比喻來說明這個親密的關係。讓我們來想像一條線形的親屬鏈，由這一代一直往上推。也就是說女兒握著媽媽的手，媽媽握著祖母的手，祖母握著曾祖母的手，等等一直往前去。假如每一位所佔的空間是一碼，則沿這條人鏈一直往前走，我們就將在三百萬英里的前方看到黑猩猩！

在六月的會議上，學者們共同向全世界發佈一項宣言：「無論從心智或感情的能量上，我們都必須承認猩猩是人類的至親，因此牠們有『生存、自由，與免於受虐待』的權利。」

所以，如果你也認同這項宣言，則下一次有人要猴戲時，你可否罷看!?

16 誰「謀殺」了恐龍？

一九八〇年九月的一個早晨，我走進耶魯大學旁哈斯金氏（Haskins）實驗語音研究所。那裡是近代實驗語音學研究的重鎭，而我眞是抱著朝聖的心情，準備到那兒去訪問進修一年。實驗室由外面看是兩棟不甚起眼的民房併在一起。但一進到裡面，卻是各式各樣的電腦加上大小不一的錄放音器材，正在播放著高高低低、且是南腔北調的合成語音。我一下子受不了這雜亂的各類音響，就走進防音設備的會客室。會客室除了幾個簡陋的沙發之外，高掛在牆上的是一張破舊的風景照片。黑白分明的樹叢，襯托著遠遠一座由平地直聳而起的四方型的高山。上面平台式的山頂有一叢樹林，但最奇怪的是左右兩邊都是斷崖。光禿禿的岩石峭壁，簡直毫無攀登上去的可能。看來那幾千公尺之上的高原應該是一個自絕於世的天地。因爲山勢之奇令人驚訝，我不免多看了兩眼。一下子，我忽然對這張拍得不甚高明的風景照片，起了似曾相識的感覺。再走近一點，看到相

謀殺恐龍的凶器不是來自地球的表面。

片上的一排小字：「亞馬遜河叢林，一九四五年十二月」。我恍然大悟，同時想起在一本書上的插圖曾看到這一模一樣的景致。

■尋找遺失的世界

我興奮的表情一定引起迎面走過來招呼我的秘書艾麗絲女士的好奇。在她沒有發問以前，我對她說：「這是察爛者（Challenger，挑戰者）教授的遺失的世界。」她張大吃驚的眼對我看了很久，說：「三十年來你是第一個認出這張照片的訪問者。你一定是個福爾摩斯迷！哈斯金氏博士一定很樂意見到你！」我當然是個福爾摩斯迷，更是Professor Challenger的忠實信徒。這張圖只有對尋找恐龍的後代有興趣的人才會知道。爲什麼會掛在這裡？我當然迫不及待的想見哈斯金氏博士，但我不想和他談昆蟲的社會組織（這是他在哈佛大學當教授時的專攻），也不想問他爲什麼要創立一個與他專長毫不相干的實驗語音研究室。我那時想問他的是他從那裡找來這張相片而供起來三十年？這張圖片和福爾摩斯的創造人柯南道爾（Conan Doyle）有何關係？難道他晚年的幻想竟然是眞的？他寫《遺失的世界》（*The lost world*）難不成是「非科幻類」的小說？

一個星期後的又一個同樣是風和日麗的早晨，我在耶魯大學上完課回到實驗室。一走進會客室就看到艾麗絲女士那期待已久的眉毛往下垂，嘴角展開了「你終於出現了」的滿意笑容。我不自覺的脫口而出：「哈斯金氏博士在這裡，想要見我一面？」她爆出爽朗的笑聲，搖著頭說：「你們眞是一群怪人，一清早就『福爾摩斯』起來了。是的，他在這裡，正在猜測你的年紀與穿著呢！」

我這才看到那照片下一個七十歲左右的長者，手裡握著一本記事簿，正凝視著那張照片。我忽然胸口一熱，指著那張照片，急急的問道：「那是眞的……？那上面有些什麼東西？……你親自到過那個地方？……」他靜靜的打量我好一陣子，拿起煙斗抽了兩口，一副福爾摩斯的樣子，然後說：

「我親愛的來自台灣的華生醫生，你先別激動。你們有句東方的話，叫做『有緣千里來相會』。三十年來沒有人知道這張相片的來歷，卻教你一語道破。倒勾起了我的往事的回憶。現在就說給你聽！

年輕的時候，我好迷福爾摩斯，但我更寄情於他的創始人柯南道爾醫生。後者自從寫活了前者之後，就一直生活在那位大偵探的陰影中。他幾次想把福爾摩斯結束掉。但來自世界各地的崇拜者卻一定要把福爾摩斯塑造成永恆的英雄。柯南道爾也只有幾次使福爾摩斯死而復生。在這個愛與怨交雜的矛盾心情裡，他又創造了一位憤世嫉俗的Professor Challenger以及他那『遺失的世界』。他在冥思中以無比的想像力勾劃出亞馬遜河流域叢林裡那座因地殼變動而自成一體的高原世界。在書本中，他畫出了略圖，告訴我們如何去尋找那個與世隔絕的世界。他豐富的想像帶動他的推理，如果有這麼一個地方存在，我們就能找到恐龍的後代，因爲在那山上沒有受到世俗世界的演化所影響。柯南道爾在當年是如此清清楚楚地描繪這張相片。而我自小就喜歡恐龍的事蹟，一直有按圖去找到那失去的世界的衝動。也許我們眞能在南美洲的原始森林中找到野人，找到恐龍的後代。

當時的幾位大學時代志同道合的朋友聚在塊，大家徹夜細讀《遺失的世界》。一不做，二不休，就上道了。我們迷失在亞馬遜河的一個支流裡。一位朋友犧牲了，我們殘存的六個人則發高燒被人抬回美國。當地的土著說我們觸犯了天神，必遭天譴。我們好不服氣，就再次整裝重往。這一次，我們預先做了很多研究。並根據一九一二年原書版本裡的土話，找到語言學家來認定那一地帶的土著。再找到當地土著的嚮導，抽絲剝繭的找尋各類線索。這樣的在叢林中摸索前進三個月。終於在一九四七年十二月的某一天到達亞馬遜河的上游，抬頭一看，那山果然在那裡看著我們。我按下快門拍下了這張照片。

從岸的這端看去，簡直和原書中的素描一模一樣，連兩旁斷崖的樣子都像，甚至在左邊懸崖上的那一顆皇冠狀的樹叢，都如同柯南道爾所親眼目睹一般的準確。我們費盡力氣，千辛萬苦由後山爬上了那高原地帶。山上沒有野人，也沒有原始林，更沒有會飛的恐龍。但居高臨下，遠眺亞馬遜河蜿蜒而去，其周遭的叢林綿延無盡，感到我們已爲柯南道爾完成了一樁心事。我們夜宿高山上，怎麼也想不出他怎麼會『看到』這一副景象的。他本人從來沒有到過南美洲，更不像我們一樣深入亞馬遜河叢林之內。但他在書本中所提供的各種線索，各式簡圖，卻確實使我們找到了那塊高地。是巧合嗎？還是他那福爾摩斯般的洞察力，加上過人的想像力，使他能在冥冥之中，看到萬里之外的這座高山呢？我們沒有解答！

最後，讓我們來談『動機』的問題，爲什麼柯南道爾要創造這個故事？爲什麼，你我看到了這個可能『與世隔絕』的高山就會心有所動？爲什麼我們幾位朋友會奮不顧身的去尋找這個遺失的世界？Professor Challenger臨別之言是值得深思的。假如眞有這麼一個世界，則很可能會有殘存的線索來幫我們解答一個千古的疑案——是誰『謀殺』了恐龍？六千五百萬年前，那些奔馳在地球上的各種各樣的恐龍一下子都消失掉了，我們現在只有化石，也有挖出來的殘骸。但牠們在同時期消失，表示地球的歷史上曾經發生巨變。那個巨變是什麼？是如何產生的？柯南道爾提供一個想像的世界要我們去接受、挑戰，去爲這個千古疑案尋找答案，可是科學界的福爾摩斯並沒有出現！」

我站在那張相片前，聆聽那位白髮蒼蒼的老人憶往事般的侃侃而談。他輕描淡寫的敍述那兩次叢林探險的經歷。從他翻閱的記事本中，可以看到密密麻麻的註釋，有無數紅紅綠綠的圖示標誌，我們不難想像他在一片不見天日的叢林中摸索是多麼的艱辛。他的毅力雖然沒能爲我們找到謀殺恐龍的元凶，但他卻爲柯南道爾找到了他夢幻中的聖地。他後來成爲哈佛大學昆蟲系的名教授，又創立了幾個貢獻頗大的實驗室，實在不是偶然！

他說完了，向我點了一下頭就走出會客室。我再次凝視那相片中的高原地，更從鏡子的反光中看到他走出去的身影：他的沉思，他口含煙斗的姿態，眞像極了我想像中的福爾摩斯！

■後記：誰「謀殺」了恐龍？

犯罪事實：大約在六千五百萬年前，地球上的恐龍一下子都消失了。對這樁集體滅門的血案，科學家一直未能提供令人信服的理論。但越來越多的證據指出，恐龍的集體死亡絕不是偶然的。幾乎在同一時期，其他的動物（無論海裡或是陸地）也突然一齊死亡。也許從這些海底生物的化石中可以得到新的線索。從一九六八年到一九八〇年之間，在海底斷崖的壁層上，考古學家挖到了許多活埋的動物化石。從分類學的觀點看來，底層和上層的化石分屬兩種截然不同類的動物，而中間分開這類化石的斷層卻有一層一吋到二吋的石灰岩。這麼薄的石灰層表示地層發生巨變的時間相當短暫，從地質學的時間表看來這巨變是很突然的！但最值得重視的發現是石灰層裡iridium（銥）含量非常高。這種重金屬的發現表示謀殺恐龍的凶器絕對不是來自地球的表面，這是很重要的證據之一。再者，動植物大量死亡，一定和天氣的變化有關。地球突然變冷了，是否是因爲大量的灰塵飄在地球的四周，使太陽光照不進來？如果是陽光被激起的石灰擋住了，植物的光合作用無法施展，只有死亡，植物死亡，地球上的動物沒有東西吃，引起食物鏈的斷絕，……恐龍只有統統餓死了！那麼是誰惡作劇，使得石灰飛揚在天上的，誰就是謀殺恐龍的元凶！

嫌犯一：外太空來的流星（才可能有大量的iridium）不幸溜進地球的大氣層而撞到地球表面，激起石灰的飛揚，擋住陽光。

嫌犯二：好多個火山一齊爆發，噴出大量的石灰塵（才可能有大量的iridium），飛揚在地球上空，擋住陽光。
嫌犯三：其他。

17 企鵝：南方不敗的故事

新加坡的朋友來訪，送一大盒燕窩。大夥兒一邊敍舊，一邊就蒸一鍋貨眞價實的冰糖燕窩來品嚐。而且迎春佳節也補一補，讓心裡肚內都清涼一番。隔鄰的老吳恰巧在座，連下兩碗之後感慨的說：「咱們這東方的古老民族，眞是民以食爲天，什麼都吃，連燕子的唾液都不放過。不過說實在的，這玩意兒，眞是清涼可口，我再來一碗！」

十歲的兒子也在一旁插嘴：「燕窩可以吃，其他鳥類的窩巢爲什麼就吃不得呢？」我覺得機不可失，就順便來一次機會教育，趕忙回答他說：「其他的鳥巢雖然不能吃，但假如人類不去任意破壞鳥類的生態環境的話，鳥巢也可以爲我們反映出許多天候有關的科學知識哩！」

■吃得苦中苦的鵝上鵝

企鵝把巢建在近海的岸邊，一出門就能隨時捕魚吃。

「怎麼說呢？」兒子與老吳一齊出聲，而且是兩臉的不服氣。我就只有侃侃道出一則科學家在天寒地凍的南極冰海上找企鵝窩巢的故事。

大家都知道南極酷寒，但穿上燕尾紳士服的企鵝卻能不畏風寒的在冰海的岸上搖晃。尤其是Adelie島上的企鵝更是其中最吃得苦中苦的鵝上鵝。因爲那裡屬於最南端的海域，比其他地區的寒冷更爲寒冷，但此地的企鵝卻在此悠哉悠哉的生存了幾萬年。義大利比薩大學與米蘭大學的兩位科學家就在Adelie的海岸上找到了一些一萬三千年前的企鵝巢。也就是說萬年的酷寒，並沒有阻止牠們的繁殖，更不能讓牠們這一族從風雪中消除。嚴格的說起來，這些企鵝的耐寒耐苦，才眞可稱爲「千秋萬載，南方不敗！」

那兩位萬里迢迢、甘冒大風大雪大冷的科學家，從找到的企鵝巢裡，找到排泄物。他們利用「碳-14」的衰微週期來檢定牠們的年代。再來看看牠們是不是世世代代都在同一地點生、老、病、死。結果卻發現不同年代的企鵝竟然在不同高度的地點築巢，有高有低，散佈各地，但相同年代的企鵝總在同一高度的岸邊築巢。這個有趣的現象，告訴科學家一則訊息！

■企鵝巢是歷史上氣候變化的見證

因爲企鵝是靠海吃魚的「賺乞」鳥仔，在寒冷的極區，爲了節省身上的熱量，最好是把巢建在近海的岸邊，一出門就能隨時捕魚吃。但遇到某些天氣特別寒的年代，海上的冰雪越堆越高，就把牠們的巢蓋住封死了。跑得慢的企鵝就只有被活埋；就是那些逃得快的，也只有拋下一窩家當，往高處爬。等到風雪過後，再在更高的岸邊再起新巢。在氣溫較溫和的年代，冰原層下降，企鵝就必須再往下築巢，否則高高在上，除了不勝風寒之外，更沒有魚吃。如果跑下來再跑上去，則消耗的體能遠比吃進去的要多得多，更是划不來。所以年復一年，企鵝的巢就隨著冰原層的升降而改變其高或低的位置。科學家由這些變化就可推論南極的天候在歷史的變遷。

這兩位科學家，辛苦工作好幾年，畫出了企鵝巢在過去一萬三千年的位置起落變化圖。他們發現在過去四千年前到三千年前之間，企鵝群集中在Adelie較低的海域中築巢。這表示在這段期間，南極的冰原降低了許多。這樣得來的新知，對我們了解地球的演化史，實在有莫大的貢獻！

所以，美食家吃燕窩，但飽口福；科學家看企鵝巢，一個一個都是歷史上氣候變化的見證，前者是短暫的，而後者是永恒的！

18 天生鳥才必有用

讀小學的時候，自然課本裡有這麼一句話：「文明就是工具的進步。」那時候體會不出這句話的含意，只會把它背下來去應付月考的塡充題。隨著年事漸長，也在自己專業的研究領域上，一再有機會去思索「人之異於禽獸幾希」的那個「幾希」的問題，就不得不對工具與智慧的關係，有了更深的領悟。

■工具的使用是「天賦獸權」

有人說人類智慧的表現在於會使用工具，但動物界會使用「現成」的工具的例子不勝枚舉。例如南美洲森林中的猴子會拿蘆葦的桿子當作吸管去吸食樹洞裡的甜汁；而墨西哥海灣的海鷗會口含岩岸邊的石塊，在半空中往下投「彈」，以期把海岸邊的海龜蛋的殼打破來滿足食慾。所以工具的使用似乎是「天賦獸權」而不是人之專利。

鳥類把核桃拋到柏油路上，等汽車急駛而過，輾碎核桃殼。

又有人說，人類智慧之表現在於會「製造」工具。但假如我們把「製造」的定義界定爲解決當前問題而改變周遭器物的形態時，則動物行爲中所能找到的實例，確實是少了許多，但也不是全然沒有。最近我在日本千代市東北大學的一位朋友吉明二平教授就給我寄來一封信，附了一系列的相片，描述的是他家門前的一群鳥吃東西的行爲，可以說是「天生鳥才必有用」的明證。

■鳥類打破核桃殼的方法

吉明二平教授的家門口是一條鋪上柏油的鄉間小道。兩旁是高大的核桃樹，吸引了大批的鳥來棲息，因爲這些鳥實在太愛吃核桃仁的肉了。但核桃的殼很硬，這些鳥就是啄歪了嘴，也不可能將它打破。難道就眼睜睜的望著核桃興嘆嗎？

不然！這些鳥倒也「窮則變，變則通」的設計出一套方法來解決當前的民生問題。牠們首先整群往上飛高，再突然俯衝下降到樹枝上，把核桃搖下來。再用鳥嘴把掉在地上的一顆顆核桃咬起來，抛到柏油路上；然後就停在路兩旁的電線桿上或附近人家的籬笆上癡癡的等待！等什麼呢？

答案很快的就見分曉，因爲不久之後柏油路上就有汽車疾駛而過，輾碎了一地的核桃仁。然後就見這些鳥個個從容不迫到馬路上撿食，一副悠然自得的神情，令人嘆爲觀止！

所以，創造與設計好像不是人類所獨有的智慧。那麼，那個「幾希」眞是越來越「希」了。有人又說：「人類的智慧表現在於會『借』用別人的工具。」但仔細一想，把自己的幼兒化裝成別人幼兒的樣子來讓別人媽媽養的例子在鳥類的行爲中也出現過。所以只著重「借」這個定義也好像不甚妥當。

把這些不同定義，和我十歲的兒子討論，並且如上一一舉例反駁。最後再問他的想法，他想了又想，終於爲人類「幾希」做了一個新的詮釋：「人類是唯一會存心借用工具而不還的動物！」你同意嗎？

第三篇 植物變奏

19 西洋抄手：辣！辣！辣！

有一天和一位朋友去吃午飯，走進街角的麵店。「牛肉麵兩碗！」「要不要加辣？」「一碗不要，一碗要，而且越辣越好！」

麵來了，我正埋首吃得很爽的時候，抬眼看到坐在桌前的這位朋友吃得更「酷」更「爽」。但見他滿頭大汗，淚眼汪汪，伸舌哈氣，還直呼「辣得過癮」。但是我看他辣得氣都喘不過來，那裡像是在享受，簡直是在受苦刑嘛！人眞是奇怪，只爲逞口舌之快竟不懼口腔麻辣的折磨，而刺鼻封喉的苦辣竟會成爲人們追逐的目標，實在是人心難測，不可思議！除非是辛辣之中另有妙處，否則怎麼可能發展出這種自我虐待的口味。

■辣椒四大功能：美味、保鮮、去油、防腐

美國東部一所大學的一對教化學分析的夫妻檔教授，是十足的「麻辣族」的忠實信

辛辣之中另有妙處。

徒。上中國館是非要加上紅油不可，而上墨西哥餐廳更是要「very very hot and spicy」，他們很想知道「辣」爲什麼有讓人苦中作樂的吸引力。他們就買來了各式各樣的辣椒，以華氏四〇〇度的高溫將它們煮上兩個小時，再去檢驗經熱化而解體的「辣素」中到底有那些特殊的性質。首先他們發現這些解體的元素中有香草（vanilla）的元素，可以促進味覺，令人回味無窮。接著他們又發現更令人驚訝的結果：這些「辣素」有抑制脂肪油氧化的功能，因此可以有防腐的作用。怪不得在潮濕度高，瘴氣濃郁的地區，人們在食物中加辣椒的程度也就增加了許多！所以辣椒之所以會變成人們的美食是因爲它有四大功能：「美味」、「保鮮」、「去油」與「防腐」。

■「只歡迎不怕口腔被炸爛的英雄」！

這對夫婦今年在大學裡開了一門「化學分析與食品加工」的課，其中有一堂是「辣的分析」，吸引了聞辣而來的學生有一百多人。學生們人手一鍋，個個扮起「西洋抄手」各式各樣的辣味都出爐了，有宮保，有魚香，也有麻辣……。其中有一組學生的鍋邊圍了許多人，因爲他打出的廣告是：「只歡迎不怕口腔被炸爛的英雄」！

20 太空蕃茄

在太空中撒下蕃茄的種子，到底會種出什麼樣子的蕃茄？答案應該是很明顯的：這些種子什麼都長不出來，因爲沒有水，沒有空氣，更沒有地心引力。但事情可不是這麼簡單！

■「太空種子」不同凡響

差不多七年前，美國發射了一顆人造衛星到太空上。隨衛星升上太空的還有一箱箱蕃茄的種子，一共有一千兩百五十萬粒。它們隨著這顆人造衛星繞地球而飛行，歷經六年的歲月，終於在一九九〇年的元月由一組太空梭上的太空航行人員收回。到地球後打開箱子，這些遨遊太虛已六年之久的種子，粒粒完整如昔，沒有脹大，也沒有縮小。在精密儀器的檢驗之下查不出有突變的基因，也沒有過多的輻射線，更沒有科幻小說中所

太空蕃茄沒有斑點，葉子上的葉綠素發展的特別快，也特別多。

預言的感染到「太空病毒」。

美國太空總署（NASA）就在當年的三月把這些「太空種子」，分送到國內外共六千四百名教師及三百三十萬學生的手中，由他們種在家裡的後院或花瓶裡。一年之後，這批爲數不少的業餘科學家當中，送來了八千篇的實驗報告。大部分的實驗都做得很好，主要的著眼點在比較「太空種子」和「世俗蕃茄種子」的生長情形有什麼不同。實驗的結果在這八千份報告中都很一致：這些太空蕃茄的確是有些不同凡響！

■「太空蕃茄」長得體面

普通的蕃茄種子大概需要八又三分之一天才會發芽，而這些太空種子卻只要八天。這相差的三分之一日，就蕃茄的壽命而言也許就是「天上一日，地上一年」的印證吧！除了長得特別快之外，這些太空蕃茄的葉子上葉綠素發展得特別快，也特別多。另外，這些「太空蕃茄」長得很體面，沒有斑點，葉子上也很少有雜七雜八的顏色，看起來基因突變的機率是降低了。

加州托樂鎮的布朗小學有幸成爲第一顆「我家有果初長成」的地方。爲此，當地居民舉辦了一個盛大的「生菜、蕃茄的三明治」大宴，以慶祝這顆亭亭玉立的太空蕃茄的成熟。在學生的報告中，以一位小學二年級的學生寫得最可愛：「培養這顆太空蕃茄，帶給我無窮的樂趣。我的實驗結果如下，我種的普通蕃茄種子並沒有長出來，而太空蕃茄確實是發芽了，也長大了。但不幸花瓶被貓打翻了，它死了！」

這一千二百五十萬顆太空蕃茄的種子，除了蕃茄之外，應該會在這千千萬萬的學子身上，開出科學的花朵吧！

21 土豆平反記實

■土豆是「傷心」的食物？

進入不惑之年已經是好幾年前的事了，老花眼鏡也不得不戴上了。最近我的醫生朋友也一再告誡：要有「愛心」哦！忽然之間，我忌葷避油，喝脫脂牛奶，蛋也免了，蚵仔、蟹黃都再見了，而咖啡也越來越黑了。對這些減卡（卡洛里）穩壓（血壓）的指令，我都可以一一遵行。但卻又說連花生土豆也不能再吃了，這就實在太過分了！所以，在「是可忍，孰不可忍」的反彈之下，我開始認眞的查醫學方面的期刊，想要看看到底是什麼樣的研究結果，會導致「豆禁」的戒嚴令！

查來查去，實在查不到有那些足以令人信服的證據，能把花生土豆定罪爲「傷心」的食物。相反的，在一九九三年六月的《*Archaive of Internal Medicine*》的期刊上，

把土豆定為「傷心」的食物，證據不足。

倒是有一篇研究報告，對花生土豆是不貶反褒，令我耳目一新。對我這個「一盤土豆花生勝過滿漢全席」的美食家而言，這篇報告看得我心花怒放。這其中的興奮絕對值得爲全世界的「土豆愛好者」所共享。所以這「土豆平反」的原委，請讓我娓娓道來。

■洗刷花生是「心腹大患」的罪名

在加州洛杉磯市的東面約六十哩的San Bernardino山下，有一小鎭叫做Loma Linda，鎭上大部分的居民都屬於「第七日末世紀基督教會」(7th Day Adventist)的信徒，他們和猶他州的摩門教徒一樣，都是禁煙酒，忌葷食，崇尚「健康食品」(尤其是土豆花生)，甚至連咖啡和茶都盡量不沾唇。這個大型研究對當地三萬一千二百位二十四歲以上的教徒發出問卷，對他們的飲食習慣及生活形態做非常仔細的分類，並登錄其每週食用各類食品的頻率。每一年研究人員到他們家去做抽樣訪談，並分析其健康檢查的記錄。結果發現這三萬多教徒得心臟病的比例比一般人的平均次數少了四分之一。有的研究員以爲這將近百分之二十五的差距可能來自他們生活習慣中的規律性。但其他的研究者利用迴歸分析的統計方法，檢視每一可能的混淆變項(confounding variable)，最後發現降低心臟病的病例之主要因素無他，唯花生、杏仁、核桃等豆類食物而已矣！

雖然這只是個「相關方法」的研究，其結果並不能有效的建立因果關係，但其證據卻足以洗刷花生是「心腹大患」的罪名。今晚，我一大盤澎湖花生（有炒的，有煮的），一小碟豆干，加一碗豆漿，坐在電視機前看Murphy Brown的影集。我一口一粒花生，非常「心安」理得。來，來，來！為土豆乾一杯吧！

22 疾風知勁草，其來有自

我的一位朋友姓陳，大家都叫他Green Thumb Chen（綠拇指陳），因爲他對培育花草有一套令人驚服的能耐。同事們經常把一盆盆奄奄一息的小花木送到他家裡求「醫」，而他也眞有「妙手回春」的本領。那些葉枯幹萎的花草，經他調養一番之後，總是生機恢復，又長芽，又開花！所以我們的辦公室總永遠是綠意盎然，滿室皆春。

■花有靈，草有情？

有一次大夥兒到他家參觀，看到他的綠室裡除了裝備有調溫調濕的設施外，還有全套音響設備。他說花草也喜歡聽交響樂，喜歡聽人說話，尤其是他「直覺」的感到越是接觸它們，這些花草就長得越好。對他的這番話，同事們都把它當做「花癡」的瘋話，絲毫不以爲意。可是我看到一室的花草，在他的愛撫與呵護之下，確實長得生氣勃勃，

鈣質的增加改變了植物生長的型態。

令人不得不相信他的說法可能不是癡人夢話。但是硬要說「花有靈，草有情」則太離譜了。如果交響樂的音波以及愛花人的輕撫所帶來的枝葉振動，眞能激起草木的生機，則科學家一定能在這些花草的細胞裡，找到相對應的機制，來解釋這些現象。

■風裡煙草搖出一片藍

果其不然，加州史坦佛大學的一組研究人員曾經發表過一篇論文，他們發現輕輕觸摸草木的枝幹會激發某些特殊的基因，促使含鈣的蛋白質產量增加，因而改變了植物生長的形態。這個發現引起蘇格蘭艾丁堡大學裡一群植物分子生物學家的興趣。他們把剛長出新芽的煙草分成兩組，都養在溫室裡，所不同的是一組暴露於持續不斷的風中，另一組則任其安安靜靜的生長。結果在風中搖曳的那一組果然身上的帶鈣量增加了很多。何以見得？爲了偵察鈣質的增加與否，研究者想出了一個很妙的方法，他們從海中的水母抽出基因，然後注射到煙草身上。假如那迎風而長的煙草確實有增加含鈣量的趨勢，則這水母的基因就會使其發出藍色的光。實驗的結果，風裡煙草搖出一片藍！

那麼，鈣的作用是什麼呢？艾丁堡的研究者認爲鈣雖然非植物本身所需的養分，但鈣質的增加可能促使植物體內的生長細胞之細胞壁加厚，因而使整棵樹的架構定位，就不會萎萎縮縮的長不大了。所以古人說疾風知勁草是有些道理的！反觀，在溫室中長大的花草，沒有經歷過野外的風雨，也難怪它們骨頭不夠硬；嬌弱嫵媚，就是沒能顯現崢嶸頭角的氣派！

把這一番道理說給Green Thumb Chen聽，他倒是聽得頻頻點頭，然後就不再見他的蹤影。一年之後，他忽然請我到他的溫室賞花。打開門，乖乖，藍光滿目，眞虧了他！

23 阿斯匹靈治花病

——頭疼嗎？「吃兩顆阿斯匹靈就可以了！」

——有點發燒嗎？「吃兩顆阿斯匹靈就可以了！」

——要及早預防心臟阻塞嗎？「定期服用阿斯匹靈會有幫助的，而且男、女皆可適用！」

……………

■阿斯匹靈可促進植物的「免疫機制」

假如你對近代醫學上的發現稍微有些關心的話，你一定對阿斯匹靈的「萬能」早有所聞了。最近我那位愛草本如命的朋友又告訴我一則新的消息，令我對阿斯匹靈的效能又大開了一次眼界。

花草生病，先餵它兩顆阿斯匹靈吧！

上星期，朋友帶來了一本一九九三年八月六日出版的《科學》雜誌，其中刊登了一篇由Thomas Gaffney和他在美國及瑞士的同仁所合作的研究報告。他們發現阿斯匹靈所含化學成分salicylic acid（水楊酸），竟然可以促進植物的「免疫機制」！

這組研究人員利用煙草葉做實驗，因爲煙草本身含有一種植物蛋白質，在遇到病菌襲擊時就會分解salicylic acid來抵禦外侮。研究者先讓靠近根部的煙草葉子上感染菌毒。一個星期後研究者果然觀察到含那種特殊蛋白質越多的煙草葉就分解出更多的salicylic acid，因而也使病菌感染所造成的棕色斑點變得很小；沒有salicylic acid的煙草葉就因病毒的破壞而出現死亡斑點。

接下來，研究者又讓這些煙草上面的葉子感染病毒。結果再次證實salicylic acid的效能：如果底下的葉子已擁有很多salicylic acid，則上面的葉子也就不容易受到病菌的侵襲。換句話說，第一次的感染使煙草產生抗體，對後來的病菌產生免疫作用！

這些發現很有意思。我們都曉得人類有免疫機能。所以，小時候得了一次痲疹，以後身體就會發展出對該病原的防禦，使終身不再受到同一痲疹的感染。現在科學家在植物的生命中，居然也發現相類似的免疫現象。使我們對動、植物的生命之分際，更爲模糊。對一些喜愛深思的人而言，人本與草本的意義是否有雷同之處？但對科學家來說，了解植物的免疫過程，也許可以幫助我們對發展「疫苗」的技術有所增進。

所以，以後你家裡養的花草生病了，不必找植物病蟲害的專家了，先餵它兩顆阿斯匹靈試試看吧！

24 紅葡萄酒，爲「心」乾一杯！

去年暑假，我到法國開會，在巴黎住了五天，然後搭高速鐵路的火車到里昂又住了兩天。同行中有比利時的實驗心理學前輩Paul Bertelson。他說法語，又是法國菜的烹飪高手。對這兩個城市的大小著名餐廳眞是瞭如指掌。我跟著他，除了開會的時間外，就在巴黎錯綜複雜的地鐵網上，穿進穿出一家家的去品嚐各式各樣的法國菜餚。一個星期下來，我對法國菜的色、香、味，都能稍有體會，對其繁文縟節也頗能因爲菜餚可口而有所見諒，但對其油膩卻開始有胃腸不堪消受、心臟也不勝負荷的感覺了。

■法國人「護心有術」

我忍不住問我那比利時的朋友：「法國人的心臟怎麼能承受這麼多的FAT？」這位法裔的比利時人倒很俐落的說：「所以法國人要喝很多酒，來沖消這些FAT呀！就

紅葡萄皮的化學成份有抑制血液凝結的作用。

像你們中國人也相同在飽食之後，喝茶就可以洗淨腸胃中的FAT嘛！」

Paul是在開玩笑，可是我卻不得不當眞，因爲根據美、法兩國衛生署的調查統計，法國人因爲心臟血管阻塞而致死的比例是每十萬人中有七十五人；比之美國人每十萬人就有兩百人會因心臟血管阻塞而致死的比例，可以說是小巫見大巫。因此，一定有什麼原因使得法國人「護心有術」！Paul的話使我想起酒精確能增加血液中的HDL（這是屬於「良性」的膽固醇），因此是有可能減少血管阻塞，但是美國人的酒精消耗量也不少，他們灌啤酒的速度可以和德國人相比。所以單就酒精一項而言，實在不足以解釋爲什麼法國人的心臟會比美國人又強又好！想來想去想不出原因，只有悶在心裡。跑了幾趟圖書館，查了一些可疑的線索，卻總是找不到令人信服的解答。

可就那麼巧，上星期六我在飛往耶魯大學去演講的飛機上，打開報紙，就一眼看到科學版上的報導，爲我百思不解的疑問提供了可能的解釋！有趣的是這「解惑」的謎底竟然又眞的回到「酒」！但此酒非啤酒，也不是威士忌，更不是白蘭地，而是道道地地的法國葡萄酒，而且只能是紅葡萄酒！

■紅葡萄酒是「救心」

爲什麼只能是紅葡萄酒呢？報紙的說明語焉不詳。我的好奇心隨著飛行高度越來越高漲，好不容易等到飛機著地，看到接我飛機的朋友，就衝口而出：「載我去圖書館！」

耶魯大學的圖書館建築古色古香，而且藏書豐富，查書的系統也很方便。我一下子就找到一些有關釀製葡萄酒的書籍，而且也一下子就看到了紅葡萄酒的釀造和白葡萄酒的釀造確有不同之處。前者是用紅葡萄的皮釀造而後者是用白葡萄的肉釀造。關鍵在紅葡萄的皮到底又有何神奇之處呢？我興奮的苦查植物百科全書，而答案就在眼前：原來紅葡萄的皮充斥著一種稱爲quercatin的化學成分，其功能就和aspirin（阿斯匹靈）一樣，都有抑制血液凝結的作用！

爲了證實我的想法，就再回頭去找報紙所引用的文章。原來是Wisconcin大學醫學院的一位教授以他自己和六位同事做試驗品的研究報告。他們先喝了兩杯半的葡萄酒，然後就抽血檢驗其凝結的速度。他們一天白酒，一天紅酒，連續作了十幾天的檢驗。把酒後的驗血結果做比較，果然不錯，喝了紅葡萄酒之後，血液凝結的速度比喝了白葡萄酒後的凝固速度慢了百分之三十。而且化驗紅葡萄酒的化學成分，果然是多了許多quercatin！

六個多月的疑惑，一旦有了解答，心情眞是輕鬆痛快。急忙走出圖書館，外面是新英格蘭的綠草遍地、春花處處。忍不住回頭大叫一聲：「圖書館萬歲！」把在路邊還在癡癡等我的朋友嚇一大跳。他說：「現在去哪裡？」我拍拍他的肩膀，高興的說：「走！請你喝兩瓶最好的Chateauneut du pape的紅葡萄酒！」朋友知道我一向滴酒不沾，竟然要請他喝酒。看他一臉的不解，我再加上一句話：「紅葡萄酒是『救心』哩！」

第四篇

星際之旅

25 變色的星星

寒假的這段日子，校園特別寧靜。夜裡，風涼涼的吹在這嘉南平原的小山丘上。牽著我小孩的手，站在社會科學院五樓的平台上面往上望：星星在天空閃耀，有大、有小、有亮、有暗；也有變成一道光芒，劃過孤寂的天邊。

我的小孩九歲，正在學看各種不同的星座。他問了一個問題：「天上的星星哪一顆最老？」看他一臉詭譎，我知道那又是個腦筋急轉彎的玩意兒，就故意說：「看不見的星星最老！」他馬上說：「錯了！答案是星星不是人，所以不會老！」我對腦筋急轉了半天卻鑽出了這種耍嘴皮的「標準」答案是相當不滿意的。其實星星與星星之間有「先生」與「後生」之分，在年齡上是不一致的。而且在一群星群的環狀排列中，由中心到外環是越到外沿年紀就越大的星星。這種星群由外到內產生新星的想法在一九六二年就由三位天文學者提出，他們認為當一團巨大的雲氣因引力而相撞擊在一起產生了星群（

顏色可以用來制定星球的年紀。

galaxy），他們認爲最先形成的一顆星總是在最外圍，但他們卻沒有證據來支持這個假說，因爲在當時根本沒有一部清晰度夠明亮的天文望遠鏡，可以用來探討這樣的問題。

■年輕的星球發出藍光，年老的星現紅光

三十五年後，支持他們這三位先知先覺的說法的證據終於有了。那一台隨著人造衛星升到外太空的哈伯太空望遠鏡，儘管其主要鏡片因當初安裝錯誤而無法送回更清晰的影像。但太空署的工作人員卻仍可從相片判定顏色的差別。一般說來，比較新形成的星群中，越是年輕的星球就會發出藍色的光，而越老的星星就呈現紅色的光。假如前述三位學者的推論是正確的，則望遠鏡所看到的那環狀的星群應該爲外紅內藍的影像。太空署的科學家就在地面上控制著哈伯天文望遠鏡，他們把寬視野天文攝影機的鏡頭對準了一百億光年外的那一堆星群（學名爲53W002）。果然不錯，畫面上所照到那一群星星，外環邊緣確實是紅的，而越趨環中心，顏色就越來越藍，完全證實了前人的推論。

我的小孩對於顏色竟然可以用來制定星球的年紀，感到很有興趣。他下了一個結論：「紅寶石一定比藍寶石老！」我不知道他對不對，只有再去查書了！

26 銀河星系的童年往事

你以爲「以大吃小」「以多攝少」的鯨呑規律只存在於商場的策略上嗎？你錯了！眞是沒有見過世面的想法，其實這種弱肉強食的故事，不但在生物界中非常的普遍，甚至天上的星星們，也經常在玩這種「合併」的遊戲。

■「合併！合併！我就是這樣長大的」

你不妨找一個夜黑星多的晚上，抬頭看看天上的眾星相。（如果你家在台北，就甭試了，反正台北的天空，唉！什麼也看不見！）也許你會看到那長掛在天空的星河，也許你會聽到它正在對你訴說：「合併！合併！我就是這樣長大的！」

如果你不要那麼羅曼蒂克，不去生那種「牛郎織女」的遐思，則你的科學知識就會告訴你那天河其實就是天文學家所說的銀河星系。它由億萬個大大小小的星球所組成，

星群與星群之間正上演著「併吞」的戲目。

如果你能有「若人有眼大如天」的境界（其實藉著能量越來越強的望遠鏡，達到這個境界並不困難），則你就會看到宇宙間有好多個形狀相似的銀河星系，你隨便挑一個，一眼望去，但見成千上萬的星星由中間往外擴散，排列成一橢圓形的螺旋結構，「美麗壯觀！」你禁不住會發出由衷的讚詞，感嘆這鬼斧神工的星雕是如此的美妙。但是你可知它的童年往事？

夏威夷大學的一組天文學家，利用火奴魯魯Maunakea上頂上的紅外線望遠鏡帶我們走進了銀河星系成長的童年。他們由地球這端往距離我們約二十億光年的那端星光望過去（記住，這就等於我們由「現在」沿著倒流的時光，去追溯這些星群成長的歷史）。這一路上，他們看到了一個很有趣的現象：越往遙遠的地方望去（也就是說，越往更古老的時光追溯過去），也越看不見橢圓形螺旋狀的星群排列，只見不定形狀的星群散落各處。這就意味著現在我們看到的銀河星系，實在由這些一小撮一小撮的星群「相互合併」而成。

這個「合併」的理論由夏威夷大學的這組研究者提出，立刻引起相當的注目。但這個理論有一個困難的地方，依據現有的合併模式，即星群與星群的合併只可能造成密度更大的圓盤，而不是個由內往外擴散的螺旋形排列。當然，新的理論模式會爲我們解決這個難題。例如我們可以想像這個合併或許不是靜態、平穩的聚合在一起，而是兩個星群一場動態的廝殺場面，所以產生了旋轉的動力。

最近雲遊在太空中的那個哈伯望遠鏡也爲我們捕捉了一些星雲形成期的浮光掠影。它看到了在距離地球約三十億至一百億光年外的許多星群，果然大部分的星群都是小而不定形的聚合，甚至它還實際觀察到星群與星群之間正在上演著「併呑」的戲目。所以商場上的那些伎倆，比起天上的那場星際大戰，又算得了什麼呢？

27 月亮的幻覺

九月初接到Rockefeller基金會的開會通知，就開始打點好行裝。學校開學在即，大大小小的事情很多，但這個會議對我的研究很重要。除了與會人員的名單非常響亮之外，它也將決定我們下一年度的研究基金的多寡。因此，二十二日一早啓程到紐約，趕二十三日的會議。尤其是我有位十幾年沒見過面的摯友夫婦住在那個大都會中，也想順道拜訪他們，以慰大家多年未見的相思之情。

■千里迢迢送月餅

出發前的這段日子，月娘子由細到粗，一日一日漸漸發胖，再一星期多就會一團渾圓，就到了「月分外明」的中秋了。所以就在上飛機的前一天，到各大餅店採購了各式各樣的月餅，預備帶到紐約去「天男散餅」一番。我知道這幾盒包裝精美的土產月餅，

阿波羅都上了月球，還過中秋嗎？

一定會勾起朋友們多年的鄉愁。然後我們就會秉燭夜談，一邊啃月餅，一邊「卡拉OK」——黃昏的故鄉。然後歌聲會讓友情在金門陳高的酒香中發酵，然後夢裡盡是相思樹林的蟬鳴！

懷著這份憧憬，我白天的會議就開得有些恍惚。好不容易挨到會議結束，我就迫不及待的回到旅館把一瓶陳高抱在懷裡，再把大盒小盒的月餅抓在手上，就跟著眾多形色匆匆的「紐約客」擠地鐵，一站又一站，人擠著上車，又被推著下來，到達朋友家，月餅的香味仍濃，但「月」已不成形，扁扁的、碎碎的，像壓過的鄉思一般。

朋友夫婦一見我，殷勤親切如舊，寒暄問暖的，使我感到公寓的溫度好像一下子加高了幾度。多年未見，彼此的眼角紋加深、加多，也難怪他們一旁的大兒子都快高中畢業了。我趕忙攤開這些歷盡滄桑的月餅，說聲：「中秋節快到了，吃點家鄉的月餅吧！」朋友臉一緊，「中秋節了呀？都忘了好多年了。住在公寓裡，雖有窗戶，但望出去，一棟比一棟高的大廈。好久，好久沒見月盈月虧了！」朋友的妻子更是一臉委屈：「我多希望能像嫦娥一樣，奔月而去。即使月裡宮寒人寂，總可以過幾天免於污染、免於毒害、免於噪音、免於被搶的日子！」

「也免於呼吸！」朋友的大兒子，噘起嘴角，一臉不服氣的說了一句殺風景的話。

朋友不好意思的說：「沒有禮貌！在胡扯些什麼？也不怕曾伯伯見笑！」

但美國長大的小孩才不吃這一套，他發起議論：「人家阿波羅都上月球了，太空人阿姆斯壯在那一片荒涼的地面都搜索過了。那裡有什麼嫦娥？什麼玉兔？更沒有什麼伐樹的吳剛！小時候都給你們騙了，長大了就知道神話全是騙小孩的，連聖誕老人都是年輕人裝的！」

這一番話講得大家面面相覷，月餅的味道都走了樣。朋友夫婦很歉疚的對我說：「美國孩子，不懂得欣賞咱們老祖宗的玩意兒。請別見怪！」

■月亮的幻覺

我倒覺得這位正在反抗期的年輕人說得很有意思。他提出了一個值得深思的問題：在科學的顯微鏡下，人類幻想的空間就應該（或必然）會受限制嗎？我認爲這個答案是：「不是必然，更不應該。」

爲了給大人們留些面子，同時搶救人文的尊嚴，我就和朋友的小孩聊了起來：「一九六九年夏天，我和你爸爸一齊到美國。我們曾經站在街頭上，眼盯著百貨公司裡的電視畫面。經由那個小小的鏡面，我們親眼目睹阿波羅太空船的發射、升空，緩緩下降在月球上。在阿姆斯壯腳踩到月球地面的那一瞬間，也隨著街上的眾人歡呼！他的每一小小的漫步，都引起我們大聲的激呼！但找不到嫦娥的廣寒宮，並不是意含著人間的不義也跟著消失了！同樣的，在北極的冰原上看不到聖誕老人的麋鹿飛車，也不表示人間的相互關懷就不重要了。神話是一個民族的精神，是一套抽象符號系統的表徵方式，和科學求眞的做法是兩回事。科學與信仰是兩個應該可以並存的領域。你說是嗎？」

大男孩忽然客氣了起來，不再反駁。我再接再厲的說下去：「我們談談月亮吧，以應時節！你有沒有想過爲什麼月亮在靠近地平線時，看起來比月正當中時大得好多好多呢？心理學家以科學研究的方法對這個幻覺的現象提出各種假說。有一派的人說那是因爲我們平視與仰視所採取的視角度不等所引起的。另外一派的人說那是因爲腦的認知系統誤認地平線上的月亮和天頂上的月亮距離不等所造成的。兩者都有科學的證據來支持它。但我也曾經問過一位流落他鄉的人，他的回答是『月是故鄉明』，因爲地平線的那邊有他的家園。這樣的回答絕對不是科學的『眞義』，但它卻是人情味十足！」

■人文的尊嚴

那天晚上，我沒有回旅館，就在朋友家的地板上打地鋪，因爲我醉了，我夢到莊周在夢他的蝴蝶，我夢到嫦娥在警告吳剛不得再砍樹，因爲破壞了水土保持，夢見玉兔調皮搗蛋說「What's up, Doc?」更夢見嫦娥買來回票搭上阿波羅到台北一遊……我知道那都不是眞的，但是沒有了想像力，人活得還有意思嗎？

28 替哈伯戴眼鏡

望遠鏡眞是個好東西。只要一鏡在手，就可以遠遠的看鳥而不加以驚動；也可以在樓頂悠閒的坐在陽台上，欣賞地面街上的貓狗打架；更可以在劇場裡使你即使在後排也能看清楚舞台上演員的表情。但最早發明望遠鏡的科學家不是爲了往前或往下看；而是把鏡頭向上，望盡穹蒼，細數星座；希望藉由望遠鏡而使眼界大開，即使看不到天堂，能瞄一眼嫦娥的寒宮也好。但鏡裡的月亮卻坑坑巴巴，沒有吳剛的桂樹，更遑論嫦娥的倩影了。

再把鏡頭轉向更遠的星球，火星上有人嗎？銀河上的喜鵲又搭橋了嗎？牛郎何在？織女穿梭又在何方？再往前，銀河星群之外，又有更大更多的星群，其中可有一個E・T・也拿著一個望遠鏡正在瞭望我的存在？再往前看，遠遠有一團東西，是不是「黑洞」，那裡會有宇宙生命的「極機密」吧!?可是看不見了，就是拿地球上最大的望遠鏡也

哈伯 得的不是「絕症」，還有妙手回春的可能性。

無能為力了。

■哈伯的誕生：十五億美元的錯誤

為了看到更遠的星群，我們就必須造倍數更大的望遠鏡，可是要大到什麼地步，才會到達「若人有眼大如天」的境界呢？再說，為什麼一定要把天文望遠鏡建在地面上？為什麼不乾脆把望遠鏡建立在太空上，然後利用衛星電視把它所看到的影像轉播回來？所以美國太空總署就決定送一個天文望遠鏡到太空上。這個方案由設計到完成，一共花費了十五億美元。三年多以前，科學家和所有愛「星」的業餘天文學家，一齊盯著電視螢幕。到了「讀秒」的時候，他們屏息跟著倒數計時「十、九……三、二、一、零」然後看火箭噴出火燄，載著哈伯（Hubble）太空望遠鏡往天而去。大家拍手，相互祝賀一次無瑕疵的火箭升空，然後興奮的等著哈伯送回第一個「歷史」性的鏡頭。

哈伯終於停在預定的太空軌道上。地面上的科學家們緊張了。他們按照著遙控器，先使哈伯靜止、定位，然後緩緩打開頂上的蓋子，讓光線得以進入。等待的時刻終於來到，電視機畫面上開始有影像。但是令人失望的是影像並不清楚。是焦距調整得不好？還是所寫的計算公式出了問題？還是太空總署裡人謀不臧，望遠鏡被做了手腳？無論如何，那一張又一張模模糊糊的圖片，只傳達一個訊息：這個用非常昂貴的黃金之旅所送上來的哈伯先生竟然是個近視眼！對美國的納稅人來說，這是個十五億美元的錯誤！

■渾身是病的哈伯

哈伯雖然患了近視眼，但也並非全然沒有用處。誠然，它確實是看不清楚迎面而來的那些星星的「臉部表情」，但它可以探出星群的個數，也可以反映它們的顏色、距離、排列的方式……。眞的，好的科學家憑著這些數據也可以對百億光年外的星群做一些學理上的推測。所以太空總署只能「死馬當活馬醫」，而且希望利用這些破碎的資料，求取敗部復活的機會，爭回一點顏面。例如，它曾經照到了類似「黑洞」的畫面，使天文學家欣喜萬分；它也曾送回遠離十億光年處的星群畫面，科學家由照片上的不同顏色，去設法解釋星群的形成史觀！

但哈伯卻越來越不爭氣了。它最近抖得很厲害，因爲防震器壞了；又搖擺不定，因爲三個維持平衡的環動儀（gyroscopes）卡住了，而且中樞電腦零件有所損傷，能容納的記憶儲存量越來越少。哈伯像一個渾身是病未老先衰的人；不但視茫茫，且經常發抖，又患了失憶症。它孤苦伶仃的在太空上晃蕩。我們眞的忍心任其衰敗下去？

■拯救哈伯，人人有責

太空總署的專家們，對哈伯的病症來了一次大規模的會診。到底它是已病入膏肓，回天乏術了呢？還是仍有一線生機，値得來一次大手術，以期藥到病除呢？會診的結果，大國手們一致同意哈伯得的不是「絕症」，應該還有妙手回春的可能性。它身體發抖，可以加裝一個防震器；平衡不好，則可以加裝三個環動儀，記憶衰退的問題則可以在電腦主機上把壞掉的記憶晶片取出，再加上更新更有能量的記憶晶片；剩下的只有哈伯視力不良的大難題了。但視力不良就應該找眼科醫生，只要知道近視的度數，就可以配上一副眼鏡加以矯正。所以只要針對這些症狀，一一對症下藥，哈伯應該會起死回生，身強體健的去執行它的太空攝影師的任務了。只是這個手術必須在太空中進行。也就是說太空梭必須載著所有必要的專業技術人員加上修理所需的儀器與零件，飛到太空軌道上去攔截哈伯。然後就在太空上進行各項「手術」的工作。

從技術的層面來說，這些修復工作應該是可行的。防震器、環動儀、電腦記憶晶片都是現成，只要稍加修改就能適用。比較困難是如何去爲哈伯矯正視力？也就是說要用什麼方法我們才能在地面上爲太空上的哈伯「驗光」呢？其實這困難也是可以解決的。

我們去眼鏡行驗光時，驗光師可以從我們在某一距離看到某一縮小的文字、圖形的清晰度來判定我們的近視度數。但這個所得的主觀印象必須能符合眼球水晶體的彎曲弧度，才可以確定需要矯正的度數。太空總署的科學家也是應用同樣的原理來爲哈伯驗光。

首先，有一組科學研究人員把哈伯的鏡頭對準一些天上的星群，調整焦距來比較影像的清晰度，然後再根據光學原理論及星光之間的距離來計算哈伯的近視度數。根據這個度數，就可以算出哈伯主鏡片的弧度。另一組研究人員則飛到主鏡片的製造廠去「考古」，他們找到了原始的工具，以及當初設計的藍圖。結果發現前一組研究人員所計算出的弧度與用該藍圖所設定的鏡片並不吻合。原來是當初的工具裝錯了，所以磨出的鏡片比應該有的鏡片厚度薄了五分之一。根據這個驗光結果，太空總署的研究人員趕快磨製矯正的鏡片，看來哈伯只要把這副眼鏡戴上，就可以恢復百分之百的視力了！

■太空上的手術：不成功，便成仁

現在哈伯的病症發現了，矯正的方案也有了，修復工程的詳細步驟也一一標明了。但這個方案的實現需要花費一億美元，值得嗎？太空總署的決策人員會同各路專家，一再評審這方案的可行性，終於決定放手一搏，以挽回總署近年來因一再出錯而至日益消失的顏面。而且更重要的是這次遠赴太空去進行這麼一個規模龐大的修復工程所得到的經驗，應該可以做爲將來建立太空實驗站的基本參考資料。所以，太空總署決定排除萬難，在一九九三年十二月底以前到太空去爲哈伯帶上矯正近視的眼鏡。

一個月前，美國國會的撥款委員會終於點頭放行。這是個「不成功，便成仁」的歷史性任務。失敗，哈伯就變成太空浮屍一具。若成功了，則八個月後，等哈伯戴上矯正的眼鏡後，它將會告訴我們更多宇宙的秘密吧!?讓我們「拭目」以待！

29 占星術

■你相信星座和命運的關聯嗎？

三年前的春假期間，我在南加州的箭頭湖邊，爲一群童子軍當義工。一連三個晚上，我爲他們講解「迷信，宗教信仰，哲學思辨，與科學求證」等四種心智活動的異同。箭頭湖在海拔四千五百英尺的山上，遠離洛杉磯市的塵囂與空氣污染。晚上的營區涼風習習。在興旺的營火裡，童子軍們的興致很高。我們談天說地，討論古今的科學家。抬頭見滿天星斗，我們就談哥白尼、伽俐略及牛頓如何破除「地球中心說」的迷信，並以科學的證據來論證「地球繞日說」。舉目見古木聳立，耳聞蟲鳴不已，我們就談達爾文、華萊士的生物演化論。然後大家靜坐，閉目，冥思，想想自己的夢、自己的理想與現實。我們就談談佛洛依德如何把人類自虛假的意識世界中解放出來。最後，在營火漸滅

命運不是星座所能預測的！

的時候，我出一道作業題：「你相信星座和命運的關聯嗎？你如何證實它的眞僞呢？」

■不同凡響的論證方式

第三個晚上，童子軍們一個個輪流上台報告他們各自的作業。這些孩子們眞是花樣百出，正、反意見都有，而且論證的方式也無奇不有。每一個人都很用心的在思索這個作業題目。批評、討論、答辯也都是有聲有色。小約翰最後上場。但他一開口，大家都安靜了，因爲他的論證方式的確不同凡響。他說：「首先，我到圖書館去查上個月的報紙，上面每天都有對十二個星座的每日命運之預測。根據這個預測，我就能「預知」屬於這十二個星座的人當天的命運。然後我到警察局及醫院去查當日因意外而受傷或死亡的名單。由他們的生日我算出他們屬於那個星座。我再比照這些遭遇不幸事件的人的星座是否符合當日報紙的預言，其結果令人失望。我一連做了十二天的比照，十二個結果都是否定的。我只有放棄星座的預測！」

一年之後，這位童軍獲得西屋科學獎名列前茅。但我知道他將來的成就將不是他的星座所能預測的！

第五篇

生活啓示

30 一根大冰棒的故事

「哇塞！好大好長的冰棒哦！幹什麼用的？可以吃嗎？」

一群科學家在靠近北極冰原的格陵蘭島（Greenland）上找到了最厚的一層冰原，他們從其中切除一根約三公里長的圓形冰柱。很多人看到這麼巨大的冰棒，都以爲這群人窮極無聊（在整年冰天雪地的格陵蘭島上，這並不希罕），又在「沒事找事做」。其實不然，這群科學家這麼做不是爲了在金氏記錄簿上留名。他們的目的是希望從這根大冰柱上的層層積雪來重建地球一段遙遠的歷史。

■從一圈圈「冰輪」望穿歷史

很多人都知道一棵樹的年紀可以由其年輪圈數的多寡而定。此外，年輪圈與圈之間的密度與形狀變化也提供了相當多的線索，讓我們推論在歷史上某一年的氣候狀況。但

就像樹的年輪一樣，這根冰柱也充滿了歷史。

古樹再老也不過幾千年，對我們想知道的幾萬年前的「史前史」是無能爲力的。唯一的可能就是冰河時期所殘留下的冰原。因此科學家就萬里迢迢的跑到格陵蘭島的冰原上去挖出了這麼一根大冰柱。就像樹的年輪一樣，這根冰柱也充滿了歷史。最重要的是要量一量柱上一層一層積雪的厚度及凍冰的疏密度。前者可以告訴我們在那個時段，雪到底下了多久；後者可以告訴我們當年雪凍成冰時的速度有多快。

從冰柱的上端往地心方向的另一端探測過去，一圈圈「冰輪」的鬆緊度確實可以使科學家一眼就望穿了歷史。但這種靠肉眼掃描所描繪的抽象歷史現象往往是太主觀，而且敍述也很粗糙。所以科學家必須以精密現代儀器去幫助他們重建歷史的細節。比如說，科學家可以用電學的儀器來測量冰柱中心層的導電度，因爲從所測得的導電程度可以算冰層中含酸度的比例。如果導電度忽然降低，則我們馬上知道冰雪中的含酸度已被其他的中性物質所稀釋了，而這些中性物質多半是風吹所帶來的灰塵。利用這種測量冰柱中導電量多寡的方法，這一組格陵蘭島上的科學家，發現在兩萬年前到四萬年前之間，地球上的氣候變化無常，而且變化非常急速，往往在一年內就會有兩、三次的大變化，每一次總會有乾燥的熱風，吹起一大片的灰塵。幾乎在同一時期，降雪量也相當不穩定，往往在一、兩年之間，降雪量忽然增加數倍之多。

■溫室效應的聯想

這種非常不穩定的氣候變化，帶給我們一項啓示：人世無常，凡事不必太早下結論。例如對「溫室效應」這個令現代人有所警惕的現象，也許必須賦予新的註解。假如地球上的溫度變遷是緩慢而漸進的，則人爲的溫室效應所帶來的熱度之急速上升，確實是值得我們擔心的；但假如地球的溫度變化本來就是不穩定，而且變異度也相當大，則溫室效應所帶來的溫差只不過是諸多變化中的一段小小的插曲而已，也許從歷史的眼光看，這變化眞是微不足道呢？所以說，現代人少見多怪，見「熱」心驚，講起來也許眞是杞人憂天哩！

由格陵蘭島上的大冰棒竟然可以和溫室效應有所關聯，你說科學是不是很有趣!?

31 解毒高手

聽說古時候在詭譎政爭的風雲時代裡，達官貴人的自危意識特強，爲了要時時預防別人在飯菜中下毒，他們總是隨身攜帶一把銀子做的筷子。因爲銀筷接觸到砒霜這類致人死命的毒藥，就會變成黑色。所以只要銀筷在手，就可以吃喝無忌，再也不怕被人謀害於無形之際。

■現代人被各色各樣的毒品包裝起來

其實，所有讀過金庸小說的人都明白，但憑一雙銀筷是很難跑遍江湖的。不管是在荒郊野外，或在市井塵囂之處，只要遇上藍鳳凰（笑傲江湖）或何鐵手（碧血劍）之流的用毒高手，銀筷子再多也沒有用。因爲毒品的種類繁多，銀筷子能偵測到的也很有限。而且放毒技術層出不窮，對這種無形殺手眞是防不勝防。所以到後來，古代的皇帝就只能

污染的無形殺手，在見紙色變的偵測之下，一個一個被捉了出來。

吃別人吃過的菜餚了。在「末代皇帝」那部電影裡，那位「先皇上之吃而吃」的太監，在「試吃」每一盤色、香、味俱全的佳餚時，其臉部絕不是有「口福」的表情，反而是令人感到是「最後一餐」的惶恐！

到了今天我們應該已經遠離那種宮廷鬥爭的歷史，也不應該再有不幸遇上「一丈青」(水滸傳)的恐懼了。但我們卻沒有到了一個可以免於毒害之自由(toxi-free)的時代。相反的，由於現代人發明的「新玩意兒」一樣一樣的出籠，衣食住行育樂各方面一再追求「新奇」，使日常生活更多樣化，也精巧了許多，但我們也付出了很高的代價。為了營造這些新玩意兒，我們的空氣中卻多出了很奇怪的東西，厚厚的一層，太陽光都射不透；河流的水變黑，喝的水變硬了，更充滿化學藥品的味道；我們的周遭是垃圾充斥，地上地下都不乾淨，眞是汚染無所不在。吸進來、吃下去都可能有「致癌」的元素。有人更天天沐浴在輻射的房子裡。現代人就這麼被各色各樣的毒品包裝起來。即使是一身穿銀，也應付不了這些層出不窮的無形殺手！我們需要的是一位「解毒高手」，來爲我們偵測身旁隨時與我們同在的毒素！

■讓毒素「見紙色變」的解毒高手

這位年輕的解毒高手是位女生，名字叫Laura Becvar，今年（指一九九三年）十六歲。四年前（她在十二歲的時候）就是個環保意識相當強烈的小小科學家。她對市面上、環境裡隨時會遭遇到的毒素感到害怕，所以下定決心要想出辦法來偵測身旁的各項污染物。她從銀子遇毒變黑的事例得到靈感。她在一張感光紙上放置了一排排會發出藍色光點的帶菌物（bacteria）。這些帶菌物會對不同的毒素起化學反應，所以只要它碰到有污染的東西就會藍光盡去，留下一團黑點。因此只要看到那一排那一列的藍光變黑，就馬上知道是那一種毒素在污染我們的世界。Laura的發明很管用，四年來她不停改進技術，使當地許多污染的無形殺手，在見紙色變的偵測之下，一個一個被捉了出來。

這個發明為Laura贏得了一九九三年的Glenn T. Seaborg少年科學獎，也為她帶來了第一個專利權。但讓她最高興的還是被邀請到瑞典皇家學院去參觀諾貝爾獎的頒獎典禮。今年七月底我在由巴黎飛往阿姆斯特丹的機上恰好和她坐在一起，一路上她對我大談環保的觀念，我好感動！但願我們的下一代充滿了這樣活力充沛、對人世滿懷關心的解毒高手！

32 你發燒了嗎？

從一又四分之一世紀以前，我們就認定人體的常溫是華氏九十八點六度，也就是攝氏三十七度。一百多年來，這是現代人類生活中一個最重要的常識。我們有沒有生病，有沒有發燒，完全取決於所量到的體溫是否超過華氏九十八點六度。一般的溫度計甚至在這個度數旁，加上一條大大的紅色線條，表示這是個不變的常態體溫。

■百年不變的常溫值得懷疑

這個度數是怎麼來的？一八六八年，Carl Wunderich醫生在兩萬五千個成人的腋下，做了不下百萬次的測量，所得到的平均數就是華氏九十八點六度。自此之後，所有的教科書都以此爲常溫的標誌，百年來也沒人去質疑它的準確性。

如果我們仔細想想，則這個百年不變的常溫可能是大有問題的。

女性比男性溫暖了華氏零點三度。

首先，有經驗的父母親都知道，從腋下測量到的體溫是不很穩定的，它所測得的溫度度數和額頭上、口腔裡以及肛門內所得的度數都有差距。再者，溫度計本身的設計也有問題，以往的溫度計要離開人體，拿起來才看得見，但在閱讀度數時，溫度計遠離人體，又暴露在周遭的氣流裡，都會造成測量的不準確。另外，我們也都知道不同年齡、不同的人都會有不同的「常溫」，甚至同一個人在不同的時辰，也會有冷暖不一的變化。所以華氏九十八點六度絕對是個值得懷疑的「常溫」代表。

■華氏九十八點二度才是平均的常溫

馬利蘭大學醫學院的Philip A. Mackowiak醫生，決定為他的懷疑找到實際的證據。他找來了一百四十八名年齡在十八歲到四十歲之間的男女，以最新的電子溫度顯示器，在他們的口腔內做「線上」(on-line)的及時測量。每天測量四次，連續三天。結果是華氏九十八點二度，才是平均的常溫！

從所得的數據上，可以看出個別差異(人與人之間的差異)可以高到華氏四點八度，而個人在一天之內的差異也可高達華氏一點零九度。一般人在清晨六點鐘體溫最低為華氏九十七點九度，而最高是下午四點鐘的華氏九十九點九度。男女也有差別，平均女性比男性溫暖了華氏零點三度！

測量工具的進步，使我們的觀測更爲準確，但最重要的是科學的精神：百年的老觀念都可以被推翻，那你還能相信眞會有一成不變的「一言堂」嗎？科學家是不信邪的！

33 曬衣服的學問

■曬衣服為什麼由上往下乾？

隔壁鄰居的小男孩剛從美國回來看他的祖父母。他十歲，是一位靜不下來的精力超人的小孩。有一天他隨爸媽來看我，東跑西撞的把桌上的咖啡打翻了，潑了我一身，害得我趕快去浴室洗衣服。小男孩跟了進來，對我的洗衣板非常有興趣，更對我搓衣擠水的動作充滿了好奇心。他一直問：「你痛不痛？不會把衣服搓破嗎？肥皂粉要倒那裡？這樣洗會乾淨嗎？」看他一臉懷疑的樣子，我就給他來個徹底的表演。把衣服搓完，水也蕩過了，再把衣服扭了扭。他又問了：「這樣會乾淨嗎？你的烘乾機在那兒？」我指指外面的陽台，就走到曬衣架下，把濕衣服攤開，用衣架把它掛了起來。小男孩對我這一連串的動作感到很好玩，就一付躍躍欲試的表情。我忽然間憐憫起這位在現代電氣化

數學可以解說衣服由上往下乾的秘密。

家庭裡長大的小孩，就拿一件舊衣服讓他洗搓一番。看他一板一眼的又是洗，又是搓，又擠水，又擰布的忙了一陣，然後他也去找了一個衣架把濕衣服掛了起來，又拿一把椅子坐在那等衣服乾。

小男孩對他的大作非常關心，每十幾分鐘就摸一下，看看衣服乾了沒有。他這裡摸摸，那裡探探。我問他：「爲什麼上面乾得比下面快？」他想了一想說：「下面比較低呀！水往低處流呀！」這個說法好像有些道理，但似乎太簡單了一些。小男孩走了，我卻呆在那裡，越想越不對勁，因爲地心引力雖然會把水往下拉，但衣服的纖維間應該會產生毛細管作用使水分往上升，這兩個一正一反的力量若相互抵消，則濕衣服由上往下一路乾下去，就不可能是單純由地心引力所產生的現象了。

■以數學模擬預測曬乾的速度

有了懷疑，卻不能有解答的日子很難過的。所以我只好耐著性子又到圖書館去爲這個令我百思不解的問題找答案。打開電腦圖書資訊網路，給它兩個索引——Laundry, Physics。以爲要搜索很久，沒想到電腦螢幕上有即時的回應：就在一九九三年十月份的《*SIAM Journal of Applied Mathematics*》上有一篇丹麥數學家Hansen寫的論文，說的就是曬衣服爲什麼由上往下乾的問題，他也認爲引力的因素是次要的。其實濕衣服和周圍空氣的濕度差所引起的空氣的垂直運動才是帶動水漬往下走的主因。Hansen寫了一個電腦程式來模擬濕衣晾乾的現象，在這個模式裡，濕衣服本身的溫度一定要比周邊的空氣冷，而衣服周邊的溫度又比外面的空氣冷也比較重，因此，就會造成氣流往下沉的運動。這些氣流帶著蒸發的水蒸氣往下走，造成衣服上面逐漸乾而濕氣仍停在衣服下面的現象。

Hansen教授的數學模擬很有趣，但管用嗎？爲了證實自己的想法，他拿了好幾件質量不同的衣服，在不同的實驗情境下測試。因爲濕度、溫差的條件不一樣，他先算出模式中一些主要參數的值，然後再以這些估算值（estimate）套進模式中去預測每件衣服曬乾的速度。結果讓他大爲滿意。

小男孩又來了。我把這篇文章的大意向他解說了半天。他想了很久說：「數學這麼有趣啊！」就跑去告知他爸媽這個曬衣服的「秘密」。望著他飛奔而去的身影，我有一份期待——讓這個洗衣、曬衣的「台灣經驗」爲他帶來美好的回憶。

34 海上搜鞋記

夏天裡的海洋，你看到什麼？成群的飛魚？孤單的灰鯨？或是那急轉彎下降然後口啣鮮猛活魚往天邊飛去的海鷗？如果你是在一九九〇年的夏天，坐在阿拉斯加的郵輪上觀望那仍有點點碎冰的海洋，你可能看到八萬雙Nike的運動鞋飄流在海洋上。因為五月中旬有一艘貨船因暴風雨的襲擊而撞上了冰山。船沉了，船艙裡的八萬雙運動鞋破艙而出，開始隨波逐流，順風遊蕩去了。

■隨著運動鞋的流向探測海潮

對這麼一樁事故，有人也許當做茶餘飯後的笑談資料。但對研究海洋流向的學者而言，卻是個千載難逢的機會。老天爺為他們的研究製造了一個自然的實驗，使得他們可以憑這些鞋子移動的軌跡來推斷太平洋海潮流動的方向。平常的時候，為了探測海潮的

到深海「釣鞋」，由此線索來推敲風浪的走向。

走向，海洋科學家也是在深海中拋下頂多是幾百或幾千隻塗上各種易於辨認的顏色之玻璃瓶，然後再從找到這幾千隻的時間與地點（最主要是和拋瓶點的距離）來計算潮流的移動形態。這一次天災的結果，像是老天爺有意創造的大規模拋瓶實驗，只不過拋出來的不是瓶子，而是一雙又一雙的運動鞋。八萬雙雖然是個大數目，但在浩瀚的太平洋裡，卻仍不過是滄海一粟。因此要長年經月的追尋其蹤跡也是相當不容易的一件事。但是這個天掉下來的球鞋歷險記所可能帶來的資訊眞是意義重大，實在是研究者夢寐以求的良機。所以好幾個研究者就想盡辦法去深海「釣鞋」，希望由此線索來推敲風浪的走向。

住在西雅圖的一位海洋物理的研究者，乾脆拿起電話，對住在北美洲西海岸的居民一一詢問：「有沒有看到海上飄來的運動鞋？」用這種長途電話來追蹤鞋跡的方法既粗糙，得到確訊的希望也著實渺茫，所以開始的時候研究者也不是很樂觀。但是根據當年海潮流向的推斷，這一批鞋子應該先往南然後轉向東，所以沿海的居民應該會看到鞋跡的。果然，首先在岸上撿到鞋子的報告來自西雅圖附近的海面上；兩個月後在其東北方位的溫哥華海岸邊也有人陸陸續續釣到大小不一的運動鞋。到了冬天的時候，在太平洋西北海域作業的遠洋漁船撈起了無數的Nike的鞋子，其中藏有魚蝦的也不在少數；一個星期之後，這群流動的鞋子又失去蹤跡了，一直到春暖花開的時節，東南海域的漁人又見沙灘上躺滿了沖上來的運動鞋。然後一九九三年七月，夏威夷群島的遊客也在潛水時看到了這些鞋子的殘體。

科學家們利用這些鞋子被拾獲的時間與地點，推論出這幾個月的海潮動向。從這些數據中，他們更用電腦來模擬海底暗流的一峰一動。依照這個模擬動態圖，一九九四年夏天這批鞋子的部分應當會飄抵亞洲地區。因此，你若有幸在台東的海岸上撿到一雙Nike的運動鞋，別忘了把你的「巧遇運動鞋」的證驗詳實告訴我。知道嗎？那又是一件相當珍貴的科學數據呢！

如果你看到了，不妨撿了回去，曬乾了鞋子還好好的，穿起來也滿舒服的。你若問我：「怎麼知道它好穿？」我就告訴你我從溫哥華海邊的拾荒老人那兒買了一雙就穿在腳下，真的還不錯！

35 洗牌

我喜歡玩撲克牌，是屬於那種「一牌在手，其樂無窮」的人。而且十八般牌藝，樣樣精通，撿紅點、拱豬、接龍、大老二梭哈、橋牌、「心臟病」……等等，我總是一點就通，但不管玩什麼，總要洗牌。洗牌是一件吃力不討好的事，因爲無論什麼方法，總是覺得洗不「乾淨」！於是，狠下心來，對洗牌這件事好好的研究一番。

■要洗多少次才會「莊家」「玩家」都滿意？

洗牌的目的就是要使牌的花色均勻分配，套一句術語，就是說，希望經過洗牌之後，可以讓五十二張牌的出現順序成一「隨機」的排列。說的白一點，就是要讓每一張牌有相同的機會出現在每一個可能的位置上。困難的是，沒有任何一種洗牌方法可以把玩過的牌一次就洗成「隨機排列」的。這一點是每一個玩牌的人都相當清楚的。因此，我

「交、交、交、單」是洗牌冠軍，洗得最乾淨。

們也不強求，一次不行，就多洗幾次吧！但要多少次呢？要用那一種洗牌方法，要洗多少次才能達到「莊家」「玩家」都感到滿意的程度呢？

一般說來，最常見的洗牌方法有兩種，一種叫做「單疊重排法」（簡稱「單」），通常是左手把牌疊在一起，然後右手由其中間抽出一部分，疊在剩下的原疊上面，每次放一小部分，一直疊上去，直到右手的牌全部分完了爲止。這種洗牌方法，因爲常不可避免的會保留原先那一副牌的牌串，所以洗下來的結果，不乾不淨，實在令人不敢恭維。另一種洗牌的方法，也很常見，稱之爲交叉式洗牌法（簡稱「交」）。通常由洗牌的人將牌分成兩疊，一手一疊，讓兩手靠近後，用大拇指把牌的一端舉高，然後利用手指的滑動，很技巧的讓兩邊的牌，一張一張的交疊在一起，用這種方法洗起牌來「稀哩嘩啦」的音響效果極佳，而且看兩疊牌飛奔投入彼此的懷抱中，也是一大享受，電影電視上看那些玩牌的高手過招，總是先露一手交叉式的洗牌。只要看那架勢就可以推斷他是那個「千」字輩的人物。這種交叉式的洗牌法，好看，好聽，但管用嗎？

前幾年有一組數學家，利用電腦來摸擬交叉式洗牌法。他們發現用這種方法，至少要洗七次牌，才能使這五十二張牌的排列和原先沒洗過以前的排列次序沒有任何的瓜葛。也就是說要重複七次以上的交叉式洗牌，才能使原來的排列，不「干擾」到洗後的排列（換句話說，兩者是彼此獨立的事件）。但是想想看，一般賭客會有那種閒情逸致，讓莊家玩一次牌就洗七次牌來保證「隨機」的排列嗎？這樣費時又費事的洗牌動作，初看很好玩，太多次就很無聊。一不小心把賭客的賭興都消磨殆盡，拉斯維加的老板們，一定不願意的。

■「交、交、交、單」洗得最乾淨

有沒有辦法來打破這數學的規則呢？試試看吧！我找來二十位學生，每人發一副牌，然後規定他們各自用不同的方法，以不同的次數來洗牌。有的只採用一種方法，如單，單，單，……或交，交，交，……等；有的是兩種方法混合使用，如交，單，交，單，……或單，單，交，交，交，……等。每一位學生負責一種規格，重複十五次，再把每一種洗牌規格洗牌所得來的十五次的洗前與洗後的次序抄下來，輸入電腦中，加以計算。結果是以「交，交，交，單」規格贏得了洗牌「洗得最乾淨」的冠軍。這個規格只要四個步驟（也就是說洗四次而已），當然比交，交，交，交，交，交，交的七次洗牌規格更省事。

數學家的證明沒有錯，我們以實證的方式來檢驗的方法也很精彩。科學的精神在容許用不同的方法去達到殊途同「證」的妙處。玩撲克牌玩出一些道理，洗牌也洗出了心得。下次你們打痲將時，除了屁胡之外，也想想一些機率的問題吧！是所勉！

36 模糊邏輯是智慧的根本

■如何設計「善體人意」的機器？

當我們說5是奇數時，它絕對不是偶數。這在傳統的數理邏輯概念上是非常清楚的。但是在現實世界的森羅萬象中，這類「是就是是」「否就是否」的現象是少之又少的。尤其在日常生活的用語上，大部分的概念都不是那麼「一清二楚」的。例如我們說：「今天好熱！」時，實在是很難說清楚「熱」「好熱」「更熱」的標準是什麼。即使是在機械的操作上，人們也常會因爲概念的模糊不清而無所適從。最近因爲太座不在，所以必須「事事躬親」的自己去「玩」洗衣機。看到那一堆按鈕，眞被嚇一跳。說明書上說必須要根據衣服量的多寡來按鍵，以調整水量。但我實在是不知道「中等衣服量」（medium load）到底是多少？也就呆一邊不知該按那一鍵才好！那時候就只有抱怨一聲：

模糊理論使工程師設計出許多智慧型的電氣用品。

「科技這麼發達，爲什麼不能發明一些『智慧型』的機器呢？」

但什麼才是「智慧型」的機器呢？有人認爲它指的是一套能「入境隨俗」的運作系統。也就是說這套運作系統應該會依照工作對象的性質與運作情境的變化來調整其運作的速度、時間以及使力的大小等等。很顯然的，要設計這麼一套「善體人意」的機器，絕不可能再遵循傳統式的那種「一板一眼」又「一成不變」的邏輯型式。它一定要能處理「模稜兩可」的情況。加州大學柏克萊校區的電腦科學家Lotfi A. Zadeh在六〇年代就預見智慧型機械運作的必要性，因此，他在二十幾年前就開始發展一套模糊邏輯的演算方式，不但在數學的領域裡打破傳統，開始新的研究方向，並且也爲機械運作的設計帶來了許多革新的想法。

■模糊理論的運用

在傳統的數理邏輯裡，一條敍述，或一個命題（proposition）不是眞就是假，絕對是「黑白分明」。但在模糊邏輯裡所要處理的是有著不同程度的「眞」值的問題。也就是說，眞或假的抉擇不僅是只有0或1的兩分法而已，而是在0與1之間有各種不同程度的可能性。根據這個想法，一個機械工程師在設想一部機器時，要先諮詢一些有經驗的專家，對機器使用的內容、對象、環境歸納出一些有用的規則。這些規則就變成運作的指令。例如，我們可以給冷氣機加上這麼一條指令：「若外面天氣太熱，而濕度也很高時，冷氣機應該開在強風急冷；然後風速與冷度再依空氣中的溫度與溫度變化隨時跟著調整。」又如汽車的煞車系統，也可加上這麼一條指令：「若路面過於平滑時，則煞車運作必須自動『分段』完成。」在冰天雪地上開過車的人都知道煞車要pumping，絕不可以一下就踩下去，但沒有經驗的人往往不知道這一竅門而出事。模糊理論的運用，就等於在「輸入」與「輸出」之間建立一組對應的規則，使機器的運作得以因外界情境的變化而自動加以調整。

過去這些年來，模糊理論使工程師更得心應手的設計出許多智慧型的電氣用品：冷氣機、洗衣機、洗碗機，都越來越「聽話」了。甚至於新型的電鍋，都會根據米量的多寡來調整烹飪的時間與火候。此外，新型汽車的噴射加油器，也會依車子引擎的運作狀況去調整噴量以及噴射的速度，也因此車子跑起來，就加倍的省油。而新設計的煞車系統，更是大量減少了煞車皮的消耗量。這些越來越成功的例子，使得模糊理論在美、日、歐各地的機械工程界越來越盛行。

而Zadeh教授也在前年得到日本工業界的最高科技獎，由本田企業九十多歲的大老板親自頒贈。他的賀詞有這麼一句話令人深省：「我的一生因爲模糊邏輯的存在而有了更清楚的意義！」

37 球場風雲

保羅十二歲的生日禮物是一部中型的遙控電動玩具吉普車。只要裝上六個大型電池，保羅就可以手握遙控桿，遠遠的操縱這部車身堅固、造型精巧的玩具車。上土丘，下水塘，橫衝直闖，進退自如。保羅好得意，每天忘寢廢食，學會了各式飆車的花樣。但兩個星期後，他玩膩了。吉普車忽然失去了生命，靜靜的隨其他被丟棄的玩具，躺在儲藏室的牆角下，不久就載滿了灰塵！

■滿場飛奔撿球比打球還累

十五歲那年的生日，保羅得到的禮物是一對網球拍及四打網球。更棒的是爸爸答應當義務教練，每天下班後陪保羅練一個小時的球。從練習發球、接球、拉底線長球，或觸接網球急速球等，爸爸總是準備一大堆球。球一個又一個的不斷飛過來，保羅也很認

玩具車改裝成的檢球車，車燈位置裝了雷達偵測器。

眞的一個又一個接打回去，眞是過癮。美中不足的是他初初上道，技術不佳，便時時漏接。有時球打到了，卻沒能按照既定的方向飛去。一場球打下來，四十八個球就分別躺在遠遠近近四十八個不同的方位上。爸爸總是倚老賣老的說：「保羅，把球撿回來就可以回家了。記得有四十八個球喔，可不能少一個！」

保羅東奔西跑，好不容易才把四十八個球找齊，卻也筋疲力倦，有時候找球眞比打球累多了。但爲了要繼續打網球，也只有滿場飛奔的去撿球，累就累一點吧！背了四十八個球，把袋子往儲藏室一擺，就預備沖涼去也！還沒走出室門，一眼看到那牆角的玩具車，保羅忽然靈機一動。找到遙控器，裝上新電池，把車子開進車房。拿起了爸爸的木工、電工等工具，他就開始爲這部玩具車改頭換面。他到圖書館查書，到電氣行買一些零件，到大學裡請教電機系的教授。只見他敲敲打打，忙碌異常。大家都在問：「保羅在幹嘛？」

■玩具車改裝成撿球車，效果驚人

一個月後，保羅把改裝後的玩具車開到網球場，引來眾人的注目。爸爸更是不高興，說：「打球就打球，帶那個『四不像』來幹什麼？」保羅也不多說，拿起球就往四面八方打出去。然後，就操縱遙控桿，把車子起動。但見那車子在球場各地遊走，而且它還會專挑有球的地方開過去，用底盤上新裝上的鏟子一個又一個的把球鏟上車子兩旁的袋子裡。原來保羅在車燈的位置上裝了雷達偵測器。它所接受的「任務指令」是「凡是掃描到黃色的圓形物體就往前驅動，並把目標物鏟上來！」

一會兒工夫，保羅把車子「收」回來。袋子裡一共有八十幾個球（原來把別人的球也拿回來了，對不起！）。當然袋子裡免不了一些小石頭、樹葉、枯枝之類的東西。第一次嘗試，卻是效果驚人。保羅的車子得到今年全美國的「高中學生發明獎」。更有趣的，是高爾夫球場的老板，當場和他簽了合約，也要複製一部撿球車。保羅說：「高爾夫球小了很多，掃描很不容易，價錢可要加一倍！」

38 小彈珠大學問

我那十歲的兒子喜歡收集大小不一的彩色玻璃彈珠，裝在各式各樣的玻璃瓶裡，圓滾滾的五光十色，很是好看。尤其是搖動起來，眾珠四方走馬換位，有如萬花筒一般，眞是變化無窮，令人玩珠忘時。但美中不足的是大小珠子混在一齊搖，搖來搖去的結果總是變成大珠子在上，小珠子在下。我兒子一臉不解說：「爲什麼呢？」我也覺得好玩，就反問他：「你說呢？」

■彈珠移動的實驗

兒子想了一想，回答我說：「會不會在往上搖的時候，大珠子底下所遺留的空隙比較容易由小珠子所填補呢？」這個充滿空間想像力的解答令人滿意。但它正確嗎？我想了一想，對兒子說：「我們來做個實驗吧！看看我們能不能親眼看到彈珠移動的情形。」

利用不同形狀的罐子可以使形狀不同的豆類食品混合得更均勻。

聽到作實驗，兒子很興奮，幫我把所有的彈珠都倒出來，把玻璃罐的裡裡外外擦拭得很乾淨。然後把所有的小彈珠放回去，只留一顆大彈珠混在其中。再把大彈珠旁邊的小彈珠都塗上黑色，使我們在玻璃外可以一目瞭然的看到那顆大彈珠周圍有一橫串的小黑珠（如圖一）。把玻璃罐上下上下搖兩三次，看看結果：果然動了，大彈珠果然往上爬。但奇怪的是周圍的黑色小珠珠也一齊往上爬，只有靠近玻璃罐壁邊沿的小黑珠才往下移動（如圖二）。

搖兩下看一看結果，再搖兩下，再看結果：大彈珠帶著旁邊的那一種小串黑珠子繼續往上爬，而剛剛由兩邊往下移動的小黑珠到達罐底後，逐漸往中間移動；當兩邊的黑珠子在中間集合後，開始往上爬（如圖三）。

我兒子對實驗的結果感到驚訝，因爲他親眼看到彈珠移動的路線和原先所設想的小珠子鑽大珠底下空隙的走動方向顯然不同。他又問：「爲什麼呢？」我告訴他很可能是玻璃罐壁的阻力和珠子之間的摩擦力所造成的有如氣流對流一般的運動。根據這個想法，如果有一個不是平底而是兩壁是傾斜三角形玻璃罐，搖動的結果就會造成大彈珠掉到底下，而黑珠子沿著兩壁往上爬的現象（如圖四）。

我兒子聽得似懂非懂，但他對三角玻璃會造成圖四的情形感到不十分放心。他不服

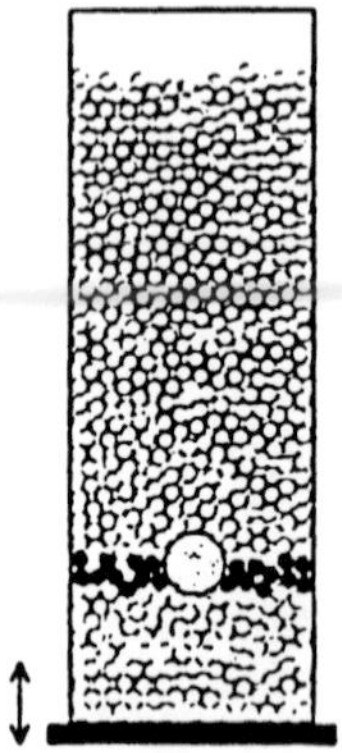

圖一

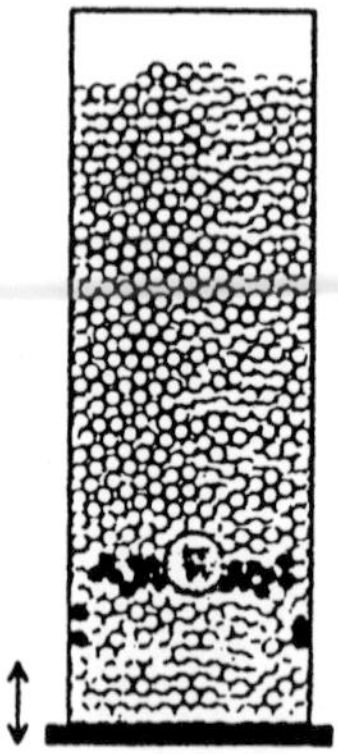

圖二

圖三

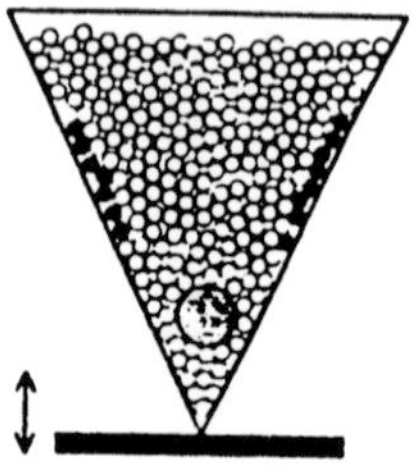

圖四

氣的問道：「你怎麼知道？」我只有帶他到圖書館，找到一篇一九九三年六月份《*Physical Review Letter*》這份期刊的一篇論文，是芝加哥大學的三位教授合著的，他們對大小不一的彈珠混在一齊搖動的物理現象做了相當清楚的描述。其中的一個結果就是三角玻璃罐的大彈珠在搖動後不上反下、掉至谷底的現象。

我用心地向兒子解說這篇文章，並且告訴他利用不同形狀的罐子也許可以使mixed nuts（腰果、花生、杏仁、胡桃核等等大小不一，形狀不同的豆類食品）混合得更均勻。我口沫懸河，正在進行一場機會教育。我兒子卻一抬頭說：「原來科學家也玩彈珠呀？」我呆了一下，回答說：「爲什麼不（Why not）？」

39 球場如商場

我不會打麻將，但朋友中卻有頗熱中此道者，遇上了三缺一的日子，急得饑不擇食，就來捉我濫竽充數。我常常會因爲不忍心看到三個大男人如此卑躬屈膝的嘴臉，就只有勉強下海，捨命隨這幾位「癮」君子了。反正我是賭翁之意不在「牌」。剛好可以利用這機會作性格心理學的「田野」觀察，把三位牌友的賭「姿」暗中登錄下來。綜合幾次的「實證」資料，發現他們臉部的表情與說話的神態，都和他們手中握牌的行情大有關聯，手中有大牌，則眉開眼笑，連續不上張則愁眉苦臉。除非是訓練有素的郎中，否則方城之中，人性必露是免不了的。怪不得民間的智慧有這麼一說：「牌桌上選女婿，萬無一失！」

■百分之五十五的人會在球場「私下犯規」

賭場、球場、商場，人的性格表現一致。

這種「江山易改，本性難移」的特性，不但表現在牌桌上，更是在球場上表現得淋漓盡致。最近「凱悅商團」（包括大飯店與風景勝地的關係企業）的總部委託學者做了一項調查研究，希望了解球場上的「違規」行爲與商場上所使用的實戰手法是否有相似的地方，結果是相當肯定的。

研究者向每一位到高爾夫球場（凱悅飯店附設的球場）打球的客人發一份有關「態度研究」的問卷。這些客人都是著名企業界的經理級以上的球友。有四〇一人很詳細的塡答這份問卷，其中有百分之五十五以上的人承認在打高爾夫球的擊球過程及計分上，都曾經有過「私下犯規」與「暗中作假」的行爲。這些行爲包括：「偷偷的將球移到較易下桿的位置」（41%）；「把在洞口的球輕敲卻無意中失手的球都算入洞」（19%）；「在開球時偷偷揮了好幾桿才算開球」（13%）；「故意少算完成一洞的擊球桿數」（8%）；「在球被打歪掉進樹叢時，偷偷從口袋中又摸出一球，若無其事再繼續打下去」（6%）等等。看來那些平日衣冠楚楚、在辦公室正襟危坐的經理們，一到球場上就免不了露一手這林林總總的「高技」！

■令人嘆爲觀止的問卷結果

問卷中最有趣的一個問題是：「你在球場上和你的同事、上司、下屬一齊打球，你覺得他們在球場上的行爲表現（尤其是你「無意中」觀察到犯規行爲），和他們在處理商業狀況的手法是否相似？」結果令人嘆爲觀止，因爲有百分之九十以上回答是「肯定的」！也就是說，賭場、球場、商場，人的性格表現是一致的。這對心理學研究者來說是一項福音，因爲行爲的特質若沒有一定的穩定性，要想建立科學理論就有如癡人說夢一般。

這個研究發現對喜歡「玩政治」的人應該也會有所啓發。有人花大把鈔票到高爾夫球場去陪那些權高一時的「商人」揮兩桿，以爲這是進階升官的捷徑。殊不知在球場上，萬一不小心，得意忘形起來，把本性暴露無遺，被「高人」一眼看穿，就一定前途無「亮」了。

所以說：「球場如商場，商場如戰場！」

40 桿上開花

布來恩的爸爸喜歡打高爾夫球，三年來他每個週末都要到附近的球場去揮上幾桿。布來恩是高中二年級學生，他週末陪爸爸到球場當球僮。有時候，他背球桿跟著爸爸打球，幫忙記點，一天下來可以賺五十美元。他爸爸球打得不錯，就是不穩定，尤其是打長球總是不準確。明明是穩穩健健的揮桿下去，卻看到球忽然莫名其妙的歪過去。爸爸很懊惱，布來恩看在眼裡，也很著急。他下決心要幫爸爸的忙！

他拿了家裡剛買不久的錄影攝影機到球場。他把爸爸揮桿打球的各種姿態一一攝下。回家以後，他在電視機前重播所拍下的影片。用慢速度一節一節的仔細觀察。他發現爸爸在揮桿打球時，球桿的頭部在接觸高爾夫球的瞬間，常常會發生桿頭轉向，使得打到的球急速地旋轉而產生歪斜出去的曲線球。爲什麼會這樣呢？

布來恩根據「重心」、「加速度」等物理原則，來改造高爾夫球桿頭部的形狀。

■改造球桿增進擊球的準確性

布來恩請教一些喜歡打高爾夫球的物理學家。對球桿移動的方向，以及在加速運行時其重心位置的轉移，做了許多精細的運算。他也把用鐵槌打釘子的動作拍攝下來，也同樣的計算槌桿運動的加速度及其移動的軌跡。比較鐵槌打釘子的運動和揮桿打高爾夫球的動作，布來恩發現鐵槌的木桿移動的方向和槌面擊釘的方向通常成直角，而打高爾夫球時，球桿的走向和桿頭面移動的方向幾乎是平行的。後者很容易使得桿頭碰觸小白球的瞬間變成「切球」而不是「擊球」。那麼如果把球桿的頭部形狀加以變形，使它成爲鐵槌的樣子，會不會減少球的旋轉呢？

布來恩對這個問題感到興趣，且有「恨不得馬上有解答」的興奮。他找到了幾桿報廢了的球桿，根據對「重心」、「作用力的方向」、「加速度」等物理原則的運算結果，來改造高爾夫球桿頭部的形狀。他甚至利用家裡的個人電腦做運算的工具，並寫程式來對各類球桿頭部形狀所可能產生的運動做模擬。從這些模擬的揮桿動作及高爾夫球運轉、飛行的圖象上，布來恩學會了如何改造各型球桿的頭部形狀來增進擊球的準確性。

在今年美國全國高中生的科學競賽會場上，布來恩展示了好幾根新設計的球桿，有的可以使擊出的球增加旋轉，也有的可以減少球的旋轉。但最令人感到敬佩的是他寫的一篇研究報告，把揮桿打球的物理性質說明得一淸二楚。眞不愧是這一次比賽的金牌得主。

所以，下次你老爸再抱怨網球打得不好的時候，你也許能爲他設計一把新型的球拍吧!?祝你好運！

41 馬克吐溫「歷險」記

證據！證據!?尋找證據來支持某一種想法是所有理性主義的基礎。即使在相當重視直觀的文學領域裡，「大膽假設，小心求證」也是不可避免的一項論理辨義的方式。

馬克吐溫（Mark Twain）是美國現代文學的先驅。他的《湯姆歷險記》是世界上知識分子家喻戶曉的著作。但他的另一本更爲重要的鉅著《頑童歷險記》（*Huckleberry Fine*）卻在美國某些地區，被列爲禁書。原因是該書主角「赫克」在書中說了不下兩百次「黑鬼」（nigger）這個被認爲是極端歧視黑人的名詞。馬克吐溫因此就被一些衞道之士判定爲是個充滿種族歧視的僞善者。這本書也就被很多圖書館列爲「拒絕往來戶」了！

最近有一些新的「證據」指出，赫克這位白人流浪兒的說話語氣以及他的用詞遣字，實在是反映出當年另一位黑人小孩的態度與神情。這個想法若能被進一步的證實，則馬克吐溫藉赫克之口來表達當時黑人說話的風味，同時也展示了他們生活的情趣與豐富的詞彙。他對多元文化的鑑賞，實在有時代的意義。那些急著要禁他的書的人，實在是

《頑童歷險記》在美國某些地區，被列爲禁書。

以「小人之腹，度君子之心」了。

■爲《頑童歷險記》翻案

德州大學文學系的一位女教授在一八七四年十一月二十九日的《紐約時報》上，找到了馬克吐溫的一篇短文，非常生動的描繪了一位叫吉米的黑人小孩的整個說話神態。不久之後，她又在另一本書上找到了更多描述這位小孩的篇章段落。從這些零零碎碎的印象裡，她忽然聯想到赫克說話的神態與用語實在像極了這位黑人小孩。這個想法使她立刻抓起《頑童歷險記》，前後仔細閱讀二十餘次。終於肯定了「赫克就是吉米」的想法。他們兩人有非常相似的家庭背景，父親都是好吃懶做，且經常酗酒打人。他們說話經常犯相同的語法錯誤。吉米說：「He's powerful sick」而赫克說：「I was most powerful thirsty」。吉米和赫克都用「drownded」來表示淹死了，而湯姆的說法則是「drowned」。再者，兩個小孩都喜歡帶著死貓到處亂跑。這些「證據」一再支持赫克其實就是那位黑人小孩的化身的說法。這個想法使得《頑童歷險記》不再被排斥。白人說「黑鬼」是大逆不道，但如果「黑鬼」是出自另一個黑人就一點問題也沒有!?

一本好書的被禁與否，竟然取決於一些「舊聞」：人文那裡會缺乏科學的精神呢？

42 不是常識的科學認識論

人如何認識他（她）周圍的世界？有些心理學家認爲人由嬰兒而至成人，思維的運作由感官到心裡的影像，再到抽象的符號系統，是隨著年齡的增進和與環境交往的經驗逐漸發展而來的。瑞士的心理學家皮亞傑在三十幾年前就提出這麼一套兒童認知發展的學說，影響所至，世界上許多國家的初等教育在教學方法上和課程設計上卻因之而起了重大的變革。

■客觀的科學思維方式不是人皆有之

皮亞傑的學說裡有一段不受人注意的地方，即他認爲兒童到了十一歲之後就漸漸進入形式運思期。在此期間兒童不但在身體上進入青少年，在認知能力上也變成一位小科學家一樣的能夠做客觀的分析與邏輯的推理。前者是事實，後者卻實在很有問題。但幾

科學思維方式是非常不自然的腦力活動。

十年來研究者大都把重點放在幼兒的認知發展，對於「是不是所有的兒童都有可能發展到形式運思這麼一個高層次的思維模式」的問題就略而不談了！反倒是最近有一位物理學家Alan Cromer寫了一本書《非常識》（*Uncommon Sense*），指出皮亞傑的看法未免太樂觀了，因爲他發現客觀的科學思維方式對人類而言，是非常不「自然」的腦力活動；如果沒有經過特別的科學啓蒙與方法訓練，一般人是不可能擁有這一種思維方式的！

Cromer的書裡列舉了許多的實例來支持他的看法。例如他到街上隨便問一些人：「有一個木頭方塊，每邊都是一寸長，那麼要多少個這樣的方塊，才能搭成一個每邊都是兩寸長的大方塊？」他發現大多數的人「直覺」的衝口而出是「兩個」，然後感到不對勁，要稍微經過一番心裡的運算之後，才會說「八個」（正確答案）。如果是要搭成每一邊都是三寸長的更大方塊，則需要多少個一寸的方塊呢？他發現很多人（包括少數急性子的科學家）都常一下子想不出正確的答案。

再問一個問題：「假如你的手上有一顆子彈。把手舉到五尺高的地方，手放開使子彈往下掉；假如在同一時間，在同一高度，你用一把手槍把子彈平平的射出去。那麼這兩顆子彈中的那一顆會先掉到地面上？」大部分的人（包括古代的大哲亞里斯多德及近代的大

(科學家伽利略等）都一致認爲往下垂直掉下的子彈會先抵達地面。實驗的結果是兩顆子彈同時抵達地面，因爲垂直的加速作用和平行的加速度是相互不影響的。前面那一個錯誤的答案，其實是一般人直覺上「想當然爾」所造成的。

■誰是小明的親妹妹？

也許你會認爲這兩個問題都太「教條化」了，所以不容易一想即通。下面的一個問題就非常生活化了。

「小明的妹妹在小時候走失了。小明長大賺了錢，就想懸賞要把妹妹找回來。應徵的人頗多，但仔細驗證之後，剩下三位年輕的小女孩。阿英說：『我是你的親妹妹。』阿美緊接著說：『她說謊。我才是你的親妹妹。』阿惠最後發言：『我們之中至少有兩人一直在說謊話。』到底誰才是小明的親妹妹！」

這個問題的解答不簡單，只靠腦筋「急」轉彎是轉不出什麼名堂的。只會越轉越糊塗。它的解題步驟要靠邏輯的運思，一步一步的驗證。首先，假設阿惠在說謊，則她說「至少兩人在說謊」就變成「沒有人說謊」，或「只有一個人在說謊」。前者是不可能的，所以只有一個人在說謊而這一個人是阿惠（因爲這是我們一開始的假設）。但如果只有阿惠一人在說謊，則阿美、阿英都說實話，那就變成兩個人都是小明的妹妹。但小明只有走失一個妹妹呀！所以結論就與事實相矛盾。也就是說，由阿惠是個說謊者這個假設開始做推論，過程雖然平穩而順利，卻導出與事實不符合的結論。所以，阿惠不可能說謊，那她一定是小明的親妹妹了！

這種推理的方式，對所有沒受過邏輯訓練的人來說實在很彆扭。但它卻是科學論證的唯一方式。Cromer認爲西方文明之所以走進科學的分析方法，就是因爲希臘的古哲發現了這種形式運思的推理方法。他甚至認爲東方的文明古國（如印度、中國）都曾經發明非常精巧的技術，也發展出相當複雜的實用數學，但它們並沒有進一步走至純粹推理的演繹思維形式，所以它們都沒有產生眞正的科學！

對Cromer的這一番話，初讀一篇時，我直覺的感到有些道理，但對他的東西文明論，又直覺的感到不服氣。可是難就難在我又直覺的感到對前面的兩個直覺不太有信心了。因此，我就力求客觀，向自己提出一個問題：「我應該用什麼邏輯思維的形式來支持或反駁Cromer的說法呢？」

第六篇

心智奧祕

43 一頭兩制

■我們都是用左大腦半球說話！

一九六八年，Edward Smith這個人在Luxor這個地方找到了一份記載有關古代埃及外科手術的手抄本。這個手抄本大概是寫於紀元前十七世紀。根據後來更進一步的考證，這個手抄本是抄自另一份更古老的抄本，主要在描述紀元前二千五百年～三千年之間的一些外科手術。從艱澀的譯文中，我們似乎可以得到一個印象，即在那遠古的年代裡，有些醫生已經探知失語症這個症狀是和腦部的病變有關的。到了紀元前四百年前，在希臘的文獻裡我們有發現了更直截了當的描述，針對各種不同型態的失語症而有所說明。而且這些觀察中，也隱隱約約的指出右邊身體的癱瘓和語言失常經常有連帶關係。

一八六五年對腦神經研究而言是個極爲重要的年代，因爲就在那一年法國的Broca

左、右腦各有不同的認知功能。

醫生在檢視至少八人以上的失語症者後，從屍體解剖的證據上看到相當一致腦傷部位（都在左腦前區）。他終於下了一個大膽的結論：「我們都是用左大腦半球說話！」（Nous parlons avec L'hemisphere gauche）。九年之後，德國醫生Wernicke發現了另一類型的語言失常，病人的受傷部位在左腦的後區。這兩個發現奠定了人類的語言是由左腦來處理的解剖基礎。一百多年來，對腦內部作斷層掃描的影像技術一再進步，我們已經可以利用核能反應的影像技術（如PET scan），在正常人說話的瞬間，即時捕捉其左腦神經運作的血流動態。

■人類的認知運作採取一頭兩制

用同樣的方法，我們可以檢查人的其他認知活動。例如想像如何由台北火車站走到台大醫院，或想像一張紙折幾折之後會變成什麼樣子？這些屬於方位與空間關係的心智活動激起的卻是右腦神經的活動。Roger Sperry利用裂腦病人（因爲非常嚴重的癲癇病症而必須把聯結左右腦皮質的胼胝體切除）作實驗，建立了左、右腦各有不同的認知功能，證實了人類確實是一個頭裡有兩種資訊處理的方式。他得到諾貝爾獎時，有一封賀電：「恭賀你的左腦與右腦：由於它們的合作無間，帶來認知活動的統合理論！」

人類的認知運作竟然採取一頭兩制的方式。但這並不是表示左、右腦的功能是獨立互斥的；相反的，它們之間隨時互補而維護著一個命運共同體的認知系統。這一點在漢語的研究中特別突出。據最近最新的一項研究，漢語的聲調變化有字調（如平上去入）與句調（如表達喜怒哀樂的抑揚頓挫）兩種型式，前者由左腦負責而後者由右腦負責；所以我們說每一句話都是雙腦並用的。腦神經科學的研究在近年是一門顯學，而漢語神經語言學研究也正方興未艾。想一想，我們要用腦去思索腦的問題，而用語言文字去描述漢語在腦裡的運作，你難道不覺得很有感觸嗎？

44 從「頭」說起心理學的「心、頭」之爭

從事心理學術研究工作的專業人員來說，「心理」學這個名詞本身就是一種謬誤。在他們「心目」中，人類的「心智」活動，其實是來自「頭腦」神經系統的綜合反應。但是對廣大的大眾而言，心理學本來就是應該描述、解說「心理」活動的一門學問。由於專家和大眾在「心理」上缺乏共識，經常免不了引起溝通上的誤會，很少能「心心相印」。

■心理學家的心事誰人知？

一個心理學的研究者，我最怕在公共場合被介紹給一些非圈內的人士。通常在「他是個心理學家」之後，就能觀察到對方面部表情奇特，而且先是遲疑一下，然後就故作幽默的說：「那我說話要小心一點，否則你一定知道我心裡在想什麼！」眞是天地良「

心理學家絞盡「腦汁」，爲人類打開「心鎖」。

心」，我對他們的「心」理狀況實在是一無所知（否則我就去當心臟科醫生了），但是我對他們當時說話時動了那些「腦」筋，倒是稍微有點了解。可惜的是，往往對他們說了半天「心理」的話，他們仍然是無動於「衷」，非但不「洗心」更無被「洗腦」的意思。這種場合見多了，我們這些心理學家，眞是「心事誰人知」？做一個一「心」一意想要推動心理學研究的人，每次「腦」海裡浮起這些「心無靈犀」的場面時，就眞是越想越「頭」大了。

不過這種把人類心智活動定於「心」的看法，絕不只是中國人的專利。古埃及人相信靈魂若不是表現在柔「腸」寸斷之間，則必然是在「心馳神移」之際，而古索馬利亞（Summarians）人和亞述人（Asstrians）體驗「肝火旺盛」就容易失去理智的事實，就確認心肝乃是萬智之源。古希臘的大哲也不例外。亞理斯多德在戰場上看到士兵們被砍開的頭蓋骨底下的腦，發現其中血液稀少，就覺得頭腦絕不是思想的中心。因爲沒有熱血沸騰，就不能理直氣壯。更且心血來潮，才能靈感不斷。因此推論到供輸血液的「心」才是思想的泉源。但是柏拉圖和Pythagoras（畢氏定理之鼻祖）卻隱隱的認爲萬物頭爲首，而且Hippocrates更從癲癇病人的身上看到「昏頭昏腦」導致心智不清的證據。因此心、頭之爭在西洋思想史上就曾經佔據了許多人的「心頭」！即使到了十六世紀莎士比亞

（一五九六）在他的詩中也提到了心、頭兩紛紛的困擾（Tell me where is fancie bred/or in the heart or in the head）充分表現出才下心頭、又上眉頭的那種無奈！

而在中國，東漢末年的名醫華陀就曾經直截了當的對曹操指出，他的頭風症，他的頭疼所引起的思想紊亂可能是腦中有瘤（香港神經內科黃震遐教授認爲從華陀的診斷可以看出在200 A.D時華陀對癲癇和腦腫瘤的關係就已經有相當的認識。這在世界醫學史上確是一項了不起的成就），可惜的是華陀的想法並沒有被推展到思想界。中國學術思想界所倡導「明心見性，致良知」等的說法中都沒有頭腦的地位。而歷史所歌頌的也只是「留取『丹心』照汗靑」而已。

科學上和哲學上眞正把頭腦當作一回事，而把「人之異於禽獸者幾希」的那一點靈性歸於頭腦中的，是十七世紀末、十八世紀初的生理學家和哲學家笛卡兒。他認爲儘管人腦裡有多種感覺器官，而每一種又都是成雙成對的，我們體會到的精神世界卻是一致的。因此他推定在腦的某處一定有一機制把各個單獨的感覺印象「在他們到達靈魂之前」先綜合在一起。他選定了「松果體」（pineal gland）這個小腺體爲心、物交流的場所。因爲這個小腺體只有一個，不是成對的，而且它的位置剛剛好在聯繫前腦室與後腦室交流的要道上，當然現代神經科學證據並沒有支持松果體的神妙功能。由目前的研究看來，松果體和人體調整日夜的節奏有關。所以笛卡兒雖然沒有為人類找到心物統合之處，卻為中國道家找到了「陰陽」交會之所！

■人類內「心」的太空世界

笛卡兒之後，心智活動受制於頭的說法，已成為公認的事實。現代的神經科學與醫學研究更一再證實兩者的關係，許多接受「換心」手術的病人在康復後並沒有變成和手術前的那個人思想上有任何差異的另一個人。但腦部受傷的病人，依受傷部位和嚴重的程度，會產生許多心理活動的變化。有的心裡明白卻口不能言；有的口齒清晰卻語無倫次；有的會寫字，卻不能「讀」書（甚至連自己寫的東西都看不懂）；有的記得手術前的歷歷往事，而且對當前正在說話的話題也有相當的了解，但他說（聽）過即忘，永遠學不會新的東西；右腦後區受傷的病人更會對左前方的東西「視而不見」；而右腦前區受傷的病人說話「單調」，沒有抑揚頓挫，但仔細聽他說話，每一個字的聲調卻又四聲分明。從這些腦部神經科學的研究，心理學家漸漸整理出一些「頭緒」，對人類認知系統的組合與運作也越來越有一些科學性的了解。但人類的認知系統繁複龐雜，我們現在心理學上的這一點成就，說起來實在十分有限；只能說剛起了一個小小的步子。距離把各種心智活動說得「頭頭」是道的地步，仍然是遙遠的很。但只要我們「頭腦」清楚，就不會「心有餘而力不足」了。

這廿世紀末期的今天，人類心智的活動已隨著太空船而遨遊天際。月球、火星、土星的一石一土都可以成爲我們腦神經運作的對象。但心理學家，對人類內「心」的太空世界，卻仍在嘆爲觀止的境地。這絕不是因爲我們「腦袋空空」，實在是因爲人類心思複雜，心事太多，且心情起伏不定。把它做爲科學研究的對象，即使我們心無二用，仍經常會被其心猿意馬的不穩定性搞得心緒不寧。但爲了人類知的權利，心理學家只有絞盡「腦汁」，去爲人類打開這把「心鎖」了！

45 左拐子

無論在東方或西方的社會裡，「左拐子」總是被輕蔑與詛咒的對象。一般人總是認爲左手的人在心智的能力上一定比「常人」低，即使在學術圈裡，也有一些半調子的科學家硬要把左手的成因說成是一種人類遺傳基因的變態現象。其實就目前所知道的研究資料，上述的說法都是站不住腳的。Hardyck和Petrinovich發表了一篇文章(見Psychological Bulletin, 1977, 8, 385-404)，從理論上及方法上對許多不正確的說法加以反駁。他們發現由於一般人(包括一些研究者在內)對左拐子的成見，在比較左手者與右手者的測驗成績時，總是戴著「只見右手好，不見左手優」的有色眼鏡，因此導出許多不正確的結論。如果我們平心靜氣的檢查各種研究的結果，則實在是得不出「左拐子必然是心智低能」的結果。例如在十四個比較左手者、右手者閱讀能力的研究裡，十三個研究報告發現左、右手者沒有差異，一個發現左手者比右手者優異。在兩個有關學業成績的比較上，

「左手者心智能力低」是一個莫名其妙的說法。

一個發現沒有差異，另一個則發現只有深度的左手者（左手者在程度上也可分成不同的深度：深度的左手者是只能使用左手，而淺度的左手者是兩手並用，即右手也可分擔許多工作），才顯出較差的成績。在八個智力測驗的比較研究上，七個發現沒有差異，而一個發現只有在Wo-chester成人測驗的操作部分上，左手者稍有較差的跡象。（這個研究的對象是工程系的研究生，如果我們仔細考慮一下，幾乎所有的圖形、工具的構造都是爲右手人的方便而設計的，則在這個上面，左手者所顯較差的跡象到底是內在心智的原因或是外在人爲的工具所造成的，就很難有定論了。）總而言之，「左手者心智能力低」是一個莫名其妙的說法，實在是無法令人信服的！

■左手者的腦部功能

那麼，左手者與右手者在腦部的功能上有何差異呢？一般來說（「一般」是指一般右手的人，左拐子在這社會上永遠是個被忽略的孤兒），腦部左右半球各司不同的功能：右半球長於「圖形、空間關係的辨識」；左半球則長於語言的處理。左手者的腦部功能是否也是如此「分野」的呢？就現有資料看來，答案是模稜兩可的，決定的因素似乎是左手者的家庭背景。假如父母兩方面的親屬中，從來沒有左手者，則這個左手者的左右兩個半球的功能和一般右手人的並沒有什麼差別。換句話說，這個左手者的左半球也是專司語言的處理。假如在家庭的親屬中，有很強左手者的傾向（即有叔伯姑舅是左手者），則這個左手者的腦部功能很可能形成「雙偏向」（bilateralization）的現象，即左右兩個半球並司語言、圖形的辨識等功能。這就是為什麼當這一類的左手者腦部受傷時，非但對他們的一般能力很少有影響，而且即使有，他們恢復的速度也比一般受到同樣傷害的人快得多。至於「雙偏向」的成因以及它和一般性腦部偏向（cerebral lateralization）的關係仍是一個學術上的謎，值得更多的探討與研究。但有一點是我們作為一個社會科學家必須要時常警惕的：忠實的面對研究資料，不能讓社會上先入為主的偏見左右了我們的判斷。

■讓小孩建立「容忍異己」的態度

那麼，作父母的人對子女用左右手應該持什麼樣的態度呢？我們的看法是這樣的：在這個右手的世界裡，父母親應當誘導子女以用右手為主，因為社會上一切工具、文具大都是為右手者而設計的（不信的話，不妨試試以左手拿開罐器來開罐頭！）。但當子女用左手的傾向太強，在循循誘導之下也無法扭轉其趨向時，我們建議父母應該聽其自然。強迫只會引起小孩對學習的反感，只會增加小孩情緒上的困擾。當這個小孩漸漸長大，開始面對其他用右手的同學遊伴時，他的孤獨與不安有待諒解的父母與師長來加以輔導。左手的人有權利以他們自己的方式去適應這個右手的世界。而教育機構（包括父母師長在內）,也必須透過這些獨特的個例中讓所有小孩建立「容忍異己」的態度,這才是「民主」教育的眞諦!左手者的父母實在不必太過憂慮了,想一想,歷史上許多偉大的人物——米開蘭基羅、達文西、佛蘭克林、畢加索等,都是左拐子呢!

46 從實驗心理學看中文字

假如一張白紙上寫著三個英文字——I love you，用剪刀把它們剪開，再請大家把它們拼回一個句子，因爲正確的排法只有一個，相信人人公認的句子還是原先那一個。但是如果這三個字分別是用中文寫的，剪開之後要再拼回去的話，就分不清楚是誰愛誰了。倘若是橫著拼的話，就算拼得滿意，拼完後該從那邊唸到那邊又是個熱門的問題。

■左、右腦的語言能力不一樣

中文和英文是有許多明顯的不同處。橫書直唸還只是形式上的差異，這種差異是會隨人意而改變的。追究起本質，則英文是由廿六個字母拼成的，字母本身沒有特別含意，靠著它們的讀音來分辨各個單字的字義，所以屬於表音字。至於中文，則要靠筆畫來辨認意思，每個字的本身就有它獨特的含意，算是表意字。這兩種不同的文字擺在前面

語音是最生動、有效的記憶形式。

讀者看一眼後，既要知道這字怎麼唸，同時也要懂它的意思，假如這字是在不同的章句裡，讀者也要能區分它不同的含意，然後貫通整段文章（不知你有沒有覺察到，此刻你正在做這一連串的事）。那麼，中英文在性質上的不同，會不會在一個人的閱讀過程裡引起不一樣的心智活動呢？如果會的話，表示不一樣的材料需要用不一樣的方式去處理。從分析釐清這個「不一樣」裡頭，我們對人類閱讀歷程的認識很可能會更跨進一步。因此近年來各國實驗心理學對中文字的興趣與探討，是絕非偶然的。

從純學術的立場來講，中、英文字對照的研究並不在意這文字是那一國的。但是研究者本身是中國人的話，對於中文研究的民族意義便難以釋懷。希望這篇文章能把當前實驗心理學界如何研究中文的大概介紹給大家：一方面想引起國人的興趣與關心，一方面想爭取同行的注意和參與。

你現在讀這篇文章，主要得靠兩樣東西：一是你的眼睛，一是你的頭腦。人的腦可以分成左、右兩個半球。大致說來，我們左半身的感覺和運動是由右腦來掌管，而右半身則靠左腦來管。也就是說，來自身體左邊的神經到達腦部就跑到右邊去了。左、右半身能夠合作無間，是靠著兩個腦半球之間相聯的神經互通消息。這相聯的部分叫做胼胝體（corpus callosum）。現在，你如果目不轉睛地直視自己的食指，你的視界會被隔成左、右兩個區域。這個時候，凡在食指左側（左視界）的物體會投射到你兩隻眼睛的右半個眼底，一起傳到你的右腦去，然後經過胼胝體再傳到你的左腦。相對地，

右視界的消息則經過兩眼左半邊眼底先送到左腦去，經過胼胝體才會傳到右腦。所以各個視界傳來的消息到頭來兩個腦半球都會收到。

有些人因為羊癲瘋或腦部長瘤，胼胝體被醫生施手術切斷了，左、右腦半球自此失去了聯絡。這一來，右視界的消息只有左腦知道，右腦不知道；而左視界傳來的消息也只有右腦才會曉得。好在我們平常看東西，兩眼和頭會轉來轉去，所以這些人即使左右腦分家，兩個腦半球還是可以同時收到消息。表面上看來他們和常人沒有什麼兩樣，可是一旦要求他們凝視一定點時，便發現英文字如果出現在他的左界，他就無法看懂；一定要出現在右界，傳到左腦以後才看得懂。曾有一位病人的胼胝體被切斷之後，研究者在他的右視界呈現一把剪刀，他能輕易地開口說，這是一把剪刀。但是這把剪刀如果是出現在他的左視界，他能夠伸出左手僅憑觸覺從一堆東西裡挑出剪刀來，也能用左手比劃剪東西的架勢，表示他的右腦很清楚這是什麼東西，卻說不出「剪刀」這個名字。右腦雖然語言能力差，卻很擅長各種圖形辨認與空間關係的活動。所以胼胝體被切斷的人即使平常慣用右手，他能用左手畫出一個漂亮的立方體，右手卻「笨」得畫不出來。

從這些報告裡，我們可以知道左、右腦的語言能力不一樣。英文的讀和講需要靠左腦傳送消息。我們把這種左、右腦在功能上不對稱的現象叫作腦部偏向(lateralization)。

腦部偏向也可以在正常人的身上觀察到。其中一種觀察法是請一位受試者（也就是參與實驗、接受觀察的人）坐在速視器（tachistoscope）前，眼睛凝視著字幕正當中的一個定點，然後會有英文字時而出現在他的左視界，時而出現在他的右視界。每次字出現之後，他得說出那個字來。每個字出現的時間很短，通常在五分之一秒以內。因爲人眼的凝視點從一處轉移到另一處大約需要這麼多時間。通常一個測驗字出現前的一剎那或同時，會有一個阿拉伯數字出現在受試者所應注視的定點上。受試者如果能講對那個數字，就表示他的眼睛在測驗字出現的時候仍然凝視在定點上，沒有轉開，而且測驗字確實只出現在實驗者所選定的那一個視界裡。如此可以增加受試者報告的可靠性。

由於每個字出現的時間非常短，受試者的報告不可能全對。把許多受試者的記錄搜集起來，分別計算左、右視界答對的百分比，便可以就答對率作個比較。假如人腦的兩個半球認字的能力沒有差別，左、右視界的字被認對的比率也就應該差不多。可是這類實驗的結果卻發現，英文字要是呈現在右視界的話，被認對的機會比較大。一般的解釋是，右視界的字會先到達左腦，左視界的字是先送到右腦，右視界的字比左視界的字容易認，是因爲左腦認字能力比右腦強。

如果左腦認起英文字比右腦聰明，並不表示認中文字就一定也比右腦行。在辨認英文字的時候，分析字的讀音很重要。看到字形之後，先要辨認各個字母，把它一個音節一個音節的發音認清楚，拼起來才成爲整個字的讀音。根據這個讀音，再到腦海裡搜尋出它所配合的意義，這才認得了這個字。很可能因爲這種把語音先分後合再查意義的過程需要在左腦裡進行，使得右視界有利英文的辨認。

有些心理學家認爲，字音與字意的配合在非拼音文字（如中文、古埃及文）裡的重要性遠不及在英文中來得大。他們認爲非拼音文字裡，一個字就代表了一個意思，看到字形就應該能直接找到字意。比方「川」這個字，看到三豎在一起，不必經過音的分析，便知道是川。照這個說法，讀中文字就像辨認圖形一樣。既然辨認圖形是右腦的專長，在讀中文字時是不是只需要右腦工作，而可以讓左腦休息呢？換個問法便是，讀中文字時會不會也有腦部偏向呢？如果有的話，到底是一如英文也偏向左腦？還是偏向右腦呢？

■「假名」偏向左腦，「漢字」偏向右腦

最早作這方面研究的是一些日本的實驗心理學家。

日文裡的「漢字」和中國字一樣，「假名」（分爲「片假名」和「平假名」）則是類似英文的拼音文字。假設「漢字」的辨認是由字形知道字義，而「假名」的辨認則從字形經過字音辨認再知道字意，我們可以用「漢字」和「假名」作測驗字來測驗日本人，看看他們腦部偏向的情形如何，從而可以知道這個假設對不對。

幾個實驗的結果發現，「假名」出現在右視界時，認對的比率比較高，「漢字」出現在左視界時認對率比較高。這表示左腦半球對拼音文字比較專門，圖形文字的辨認則需要在右腦裡進行。「假名」和「漢字」都有腦部偏向的現象發生：「假名」是偏向左腦，「漢字」是偏向右腦。

我們都知道，中文字在最初造字時採用了六種不同的方式（所謂六書），其中象形字和形聲字在現代的字彙中佔絕大多數。象形字是由意符構成的，形聲字則是由意符加上音符組合成的。形聲字會不會因爲有表音字的性質而表現不同於象形字的腦部偏向呢？在我們的實驗室中曾以這兩種文字重複前述的實驗，發現不論象形或形聲字，在辨認的過程裡都是先傳入右腦半球。

以上一連串漢字實驗的展開很受日本失語症研究的激發。所謂失語症，是指腦部受傷害而造成部分語言能力的喪失。受傷的部位不同，喪失語言能力的種類與程度也隨之而異。在日本的失語症患者裡，將近三分之一的人使用「假名」的能力大爲減低，在語音上犯很多錯誤，而用起「漢字」來卻無大礙。由於語音的辨認對「假名」很重要，有些學者就假設，這些患者是因爲喪失使用語音的能力，才使「假名」的讀與說發生困難；而「漢字」可以省略語音辨認的中間過程，所以沒有受到影響。但是事實上，這些患者依然能聽懂別人講的話，表示他們使用語音的能力並未失去，所以這樣的解釋未必正確。另外一種可能是，讀「假名」的時候比讀「漢字」更需要默唸讀音，患者默讀的能力受損，所以讀「假名」比讀「漢字」要困難。

這個解釋對不對，目前仍然難下定論。但是由此卻導出了另一個重要的問題，即閱讀中文時，語音的呈現是否是必要的。

我們在閱讀時雖然是無聲的，可是眼睛看著字，心裡卻禁不住要一個字一個字地默唸著。即使沒有出聲，嘴唇、喉嚨和舌頭都不在動，我們也彷彿聽到自己默唸的聲音。默讀是一種語音的呈現，它對於了解一個字或了解一段話關係很大。例如我們在閱讀艱深晦澀的文章時往往會不自禁地唸出聲來，由此可知「語音」的重要性。有時我們遇到生字，也無形中會想把那個字「唸」出來，才會發生許多「有邊讀邊，無邊讀中間」的笑話。這些例子說明了語音似乎是閱讀歷程上的一個不可避免的媒介。但是中文字並非拼音文字，爲什麼也會發生這種現象呢？

■語音比字形更方便記憶

我們可以把整個閱讀歷程大略的分爲三個階段。第一個階段是「看」——我們看到了字，知道它的形狀。第二步是要「懂」——要在腦海裡搜出這字的意義。第三個階段是「記」——我們在讀第二個字的時候能把它和頭一個字的意思貫穿起來，讀完一句話，便能把握住整句話的含意。這表示我們閱讀並不是看了、懂了就算了，還要記。也許我們不是有意要記它，但它就是會在記憶裡停留一下。如果我們看文章一點也不用記憶，隨懂隨忘，再好的句子讀起來也會像許多不相干的字碰巧被排在一塊兒，不知所云。

我們認爲由字形導出字音的現象多半發生在「懂」和「記」兩個階段裡。在「懂」的階段裡，語音可以幫助我們從字音去找出字意，因爲我們到底是先學會說話才會看字。在「記」的階段裡，語音能幫助我們記得更淸楚、記得快而多。近代實驗心理學在有關記憶的許多研究中發現，語音是一種最生動、有效的記憶形式，它可以在記憶裡停留很久，比字形更方便記憶。

把字形轉換成字音雖然有這些好處，但它是不是必須的呢？專家們認爲對於拼音文字的初學者而言，這個轉換過程幾乎是不可缺少的。英語國家的小孩在學認字之前，已經會講話，看到一個字，得學著把英文字一個音節一個音節發出音來，然後聽著自己的聲音，把整個字的唸法和它的意思聯結起來。對有失讀症的小孩而言，把看到的單字和聽到字音做音節的配對是一件苦差事。有些這樣的小孩到了小學二年級還是沒辦法看字唸音，當然也就不識字了。在試盡一切方法無效之後，一批心理學家想到，中文字是表意字，每個字是一個整體，讀的人不需要把一個字細分成許多單音去看它，應該不會有音節分析的困難，便開始教這些小孩看著中文唸英文。比如說，看著「狗」讀dog，看著「花」唸flower。他們居然很快就學會「讀」中國字了。研究者於是結論說，中文裡每個字的本身不帶發音的規則，讀起來想必可以不需要轉換成字音。

這樣的講法可能太武斷。因爲在「懂」和「記」這兩個階段裡的語音呈現具有不同的功能，不可以混爲一談。從腦部偏向的研究結果來看，中國字單獨的辨認是在右腦半球進行，也許看懂每個字是可以直接靠字形與字音的配合。但是爲了能了解詞句的意義，每個字還是要靠語音來幫助「記」。要是讀中文不靠語音也能記憶，則字形轉換成字音對我們的幫助不但不大，反而還要減慢我們的閱讀速度。假如語音的呈現對中文在短暫（short-term memory）裡停留的長短是重要的，則不同的文字（如象形文字、拼音文字）在閱讀歷程上造成的差異，都應該是發生在「看」或「懂」以前的階段，我們不必再到「記」以後的階段裡找原因。爲了證實語音在「記」的階段是重要的，我們做過兩個實驗，都是邀請加州大學的中國留學生擔任受試者。

每個受試者進到實驗室之後，便戴著耳機坐在布幕前，看著幻燈機打出來的中文字。每一秒鐘打出一字，連續打了四個字後，受試者的耳機裡就傳出一連串的中文字，每半秒鐘一個字，連續傳出十二個。受試者每聽到一個字就要立刻重複那個字，直到十二個字都複述完畢。我們把看到的四個字叫做「目標字」，聽到的十二個字叫做「干擾字」。受試者複誦完十二個干擾字之後，立刻要在十五秒之內把目標字按照當初看到的先後次序，塡在四個格子裡。這樣的步驟要重複五十四次。因爲目標字句干擾字分別是從三種類型裡挑出來的，合在一起可以安排出九種組合，每一種組合各做六次，全部就有五十四次。做這樣一個實驗，每個受試者要花去四十分鐘。

目標字與干擾字同分爲三種類型：

(甲)同子音。如克、康、開、哭、口……。

(乙)同母音。如七、吉、必、密、西……。

(丙)同子音且同母音。如石、示、市、士、師……。

如果目標字選自甲列，干擾字也選自甲列，兩者的字不重複，就算是同類組合。如果目標字選自甲列，干擾字選自乙列，則算是異類組合。拿同類組合和異類組合的結果作比較，發現干擾字和目標字屬同類，受試者能記對的目標字就大爲減少。也就是說，干擾字和目標字語音相似時干擾較大，而使目標字的記憶變得較困難。要是在「記」的階段裡不發生字形轉換成字音的現象，或者語音本身並不重要，語音的相似程度便不應該對記憶造成影響，如今語音的相似對記憶造成了干擾，顯然語音對中國字的記憶很重要。

由於這個實驗是以字做單位，不足以說明我們平常讀句子的情形，所以第二個實驗用整個句子做一個單位，每個句子用一張幻燈片打出來。

這個實驗室裡，受試者每看到一個句子就要立刻判斷那是個通順的句子還是個僞句，通順的句子既合文法，又有意義。僞句不合文法，意思也不清楚。全部的句子可以分成兩類。第一類句子裡的用字語音很相近；近如，糊塗夫婦砍樹木，它所對應的僞句是：糊塗夫砍婦樹木。第二類句子的用字則語音不相像；例如，迷糊夫妻摘花草，它所對應的僞句是：迷糊夫摘妻花草。

受試者在看到句子之後，要儘快按下一個鈕。例如那是個通順句，就按左（右）邊的鈕；假如是僞句，就按另一邊的鈕。爲了避免左右位置的偏好可能會影響實驗結果，半數的受試者按左鈕表示通順句，半數受試者按右鈕表示通順句。鈕被按下之後，儀器會自動記錄受試者作判斷所費的時間。

如果我們平常讀句子的時候確實需要語音的幫助，則句子裡用字的語音相近，會使判斷句子的速度減慢，需要用的時間會加長。實驗的結果發現，第一類句子所費的時間確實比第二類句子要長。語音不僅對單獨中國字的記憶重要，對整句中文的記憶也很重要。

研究閱讀的專家們一直想要知道，不同的文字是否需要用不同的心智活動來閱讀。可是早期的一些研究多半鑽研在表面、瑣碎的現象上，對於知識本質的求證幫助不大。這篇文章介紹了當今實驗心理學中文研究上的兩個大問題。一個是左腦和右腦半球在傳送中文資料時，功能上是否也有不對稱的現象。另一個則是，我們由識別一個字到了解一段文章的過程裡，語音的呈現是不是對各個階段都一樣重要。目前的了解是：要看懂一個中文字，主要是靠右腦進行字形的分析，所以確實有腦部偏向發生。在這個階段，語音的呈現並不是必要的。可是當我們要了解詞、句，或整段文章時，必須記得前面已經看到過的文字，語音的呈現便非常重要了。

為了對一樁人人做起來理所當然的事提出較有把握的解釋，科學家用了許多推理，做了許多實驗。而我們對人類整個閱讀歷程的認識，仍然只沾到個邊而已。目前台語書面化的基礎研究很缺乏，我們希望這方面的研究能被大力推展，更希望能由中國人來領導中文的研究。

47「三」與「七」的聯想

「數目字」或數的概念已經變成我們日常生活中的一部分了。假如「數」這個概念沒有發展的話，我們將很難想像日常生活裡會有多大的不便。舉個最簡單的例子。沒有數目字，則我們的市場就仍會停留在以物易物的階段，我們的信件無法投遞，因爲沒有門牌號碼，而我們現在所享受的一切機械文明都不存在，因爲數學是一切科技的基礎！

■部落裡的「數」的概念

「數」這個概念的發展，可以說是先民智慧的結晶，最早的時候也許不需要什麼「數目字」來給自己添增「心智」的麻煩，因爲沒有數目字照樣可以達到「數」「數」的目的。例如在錫蘭島上有一個部落，他們沒有數目字，假如有一個土著想要知道他有多少椰子，他就出去收集很多小樹枝，將樹枝與椰子一對一的排開，一根樹枝代表一個椰

由一到三，由三到七，人類經歷了兩次資訊傳遞的瓶頸。

子，當別人問他有多少椰子時，他就指著那堆樹枝說「就是那麼多」。假如有人偷了他的椰子，他也會知道的，因爲下一次將椰子與樹枝相對排開時（即下一次心血來潮，想重數一數有多少財產時），他就會發現「多」出了一根樹枝，也就是「少」了一個椰子。所以他雖然沒有「數目字」的詞彙，也仍然達到了數數的目的！

如果數目字的有無眞的無關緊要，那麼那些還沒有學會說話的嬰兒能數嗎？能數到多少呢？近年來心理學的實驗似乎有了正面的答案。首先讓一個一歲半到二歲的嬰兒坐在嬰兒椅上，前面擺兩個電視機，畫面上一個出現三個紅球，另一個出現兩個紅球，嬰兒的眼睛一下子看左邊的電視畫面，一下子看右邊的電視畫面。這時候我們在嬰兒的背後放錄音帶，放的是敲打三聲鼓「咚」「咚」「咚」的聲音。嬰兒一方面被前面的電視畫面所吸引，一方面又聽到「咚」「咚」「咚」——「咚」「咚」「咚」的聲音。很有趣的是他的眼睛就開始凝視在三個球的畫面上。如果把三聲鼓變成二聲，則嬰兒的眼睛又凝視在兩個球的畫面上去。

他們必定有「數」的概念，才能把來自兩個不同管道的訊息，統合在一起。但是這個實驗若是把球與鼓聲增加到四個以上，則這個統合就不會成功，「三」好像是一個瓶頸，既使在現在，還有一些文明比較單純的族群，他們的語言裡仍然只有一、二，而沒有三以上的數字。不過這並不表示他們只能數到二而已。如南太平洋島上的一個部落，他們只有「一」（WRAPUN）及「二」（OKASA）兩個數字在他們的詞彙裡。當他們要表示「三」時，他們就說OKASA WRAPUN (2'1)，四則是兩次的OKASA OKASA (2'2')，五就是OKASA OKASA WRAPUN (2'2'1)等。雖然很麻煩，但是達到了「數」的目的。

■數字觀念極限的突破

有了一、二就可以應付一陣子，三的出現代表了觀念上的一個大突破。以自身爲單位，「我」只有一個，加上「你」就是兩個。如果再加上「他」，三人就成「眾」了，三之外，就是數也數不清的無窮大了，所以說三在文明還沒有那麼複雜的人世間裡，實在是個數字觀念上的極限。人們對把「三」當成多的不得了的感受是相當深刻的，而且是中外皆然。例如「Three is a crowd」和我國的「三人成眾」就不謀而合。而古埃及的象形文字中的造字原則也是把三當成「多」。例如畫三瓶水表示「大水成災」；一隻眼睛底下畫三滴眼淚表示號啕大哭；三根毛髮束在一起，表示那是三千煩惱絲。這原則和我國造字原理中的「鑫」表示「多金」、磊表示「多石」、森表示「多木」、淼表示

「多水」也有異曲同工之妙！

「三」代表人類資訊傳遞上的一個極限是有相當多的證據的。中國語言中用來表示這個感受的詞彙就相當多，在遠流出版的《辭源》裡，以「三」爲首的詞超過四百個，包括「三才」（天、地、人）、「三省」、「三思」、「三軍」、「三生」、「三態」（固體、液體、氣體）、「三不朽」、「三部曲」、「三心二意」、「三星伴月」、「三娘教子」、「三句不離本行」、「三人行必有我師」、「三更燈火五更雞」等等，幾乎是日常生活的每一個層面「三」都非常的突出。舉凡「三教九流」涵蓋「三百六十行」無遠弗至。

我有一位導演的朋友也跟我談起「三」的趣事。電影配音中的腳步聲，如果只有一個人走路，就必須配對準確，否則觀眾馬上會感到踩錯腳步的痛苦。兩個人也一樣，每一隻腳著地都必須配合腳步聲，但三個人以上就不一定要配合的那麼工整了，觀眾對「同步」的要求就減低了很多，「三」好像是個關口，過了「三」就好像是「柳暗花明又一村」。

「三」雖然是個瓶頸，但人類智慧卻早已把它突破了。方法很簡單，就是以三爲單位做一組集，再把多餘的數解開。例如記七個數目字的電話號碼，很少人是一口氣把七個號碼一齊背下來的，總是先把它拆開，不是前三後四就是前四後三，形成組集段後就容易記了。但組集本身也是個單位，在這個層次上也受到了「三」的限制。「三」加一是四，「三」加二是五，「三」加三是六，形成二個組集。七變成「三」加「三」加一，開始進入第三個組集，又到了極限，人們對七產生了神秘的感情，所以有「七巧」、「七夕」、「七色」、「七大洲」、「七言詩」、「做七」、「七竅」、「七度音」、「七情」、「出門七件事」、「七手八腳」、「七除八扣」，當然還有「幸運七號」（lucky seven）、「００７」、上帝創世紀的「七天」等等，都富有神秘與浪漫的色彩，所以心理學家把「七」稱爲「魔術的七」（magic seven）！

無論就人類演化的歷史而言，或就個人成長的歷程而言，「數」觀念的發展反映著心智活動的成熟，也代表著人對外在世界的掌握。由一到三，由三到七，人類經歷了兩次資訊傳遞的瓶頸，而兩次也都能以組集的方式解困。但文明的進展並不止於如此而已。資訊爆炸的結果使我們對參與五彩繽紛的現代文明漸有力不從心的感覺。新的瓶頸在那裡？組集的策略仍會有效嗎？對這個問題，我三思、三省，卻只換回七上八下的心情，你呢？總不能三七二十一，管它吧？

48 記憶失敗會是精神分裂症的原因嗎？

你聽過精神分裂症嗎？患了這個病的人主要的特徵是思維和情緒分裂，對現實有嚴重的歪曲。全世界約有百分之一的人口有此病。一般說來，精神分裂症總是在青春期後段或成人期前段才開始發作出來。

■患分裂症的孩子記憶力有缺陷

但最近在南加州的一組研究人員卻發現即使在兒童時期，也可能產生這種思維與情緒無法統合的精神病症。爲了進一步了解這個病症的性質，這組研究人員對全州的小兒科醫生發出「搜索令」，希望各地醫院能嚴加注意，幫忙找到十三歲以下的精神分裂症兒童。兩個月後，各地送來的病例多達六十名。研究者分別訪問每一位患病的兒童，觀察他們的生活起居，並以攝影機拍下他們對人對事的態度，尤其是他們和父母親之間的

分裂症兒童在左右腦的特定功能上有異於常態的組合。

各種情況。在仔細檢視影片的每一個畫面，研究者得到一個初步的結論：這些患有分裂症的小孩在注意力與記憶力方面都有缺陷，造成他們與別人溝通上的困難，也因此無法建立正常的社會關係。

為了進一步證實這個想法，研究者針對每一個病號兒童做許多種不同的認知能力測驗。為了更有效的測量「能力」的標準，研究者也同時測試六十位背景相似的「正常」兒童的各項認知能力，並且以後者的平均成績來界定分裂症兒童的能力好壞。他們發現這些分裂症兒童在簡單的肌能動作與單純的視聽知覺上都和正常兒童沒有差別。但是如果要他們在規定的一小段時間內作一些快速的心智活動，則大多數顯出目瞪口呆、無所適從的樣子。即使是很簡單的加減單位數字，或複誦剛才聽過的一小串數字，他們都是無能為力！讓正常兒童看一眼幾何圖形，在十五秒鐘之後，他們都能正確無誤的畫出剛才看過的圖形。可是這樣簡單的「回憶」，對分裂症兒童卻是「難如上青天」！

■分裂症小孩無法掌握「應對」的規律

這些測試證實了研究者所提出的「記憶缺陷理論」這一種「短期記憶」（或稱之為「運作記憶」）的能力看起來微不足道，但它卻是個人與他人建立交流的關鍵，沒有了它，就會產生「有聽沒有到」的後果，也就會常把別人的話當作耳邊風。沒有了它，即使是「自言自語」也會變成「上下不連貫」，嚴重一點的，就會出現「語無倫次」的局面。也就是這一種能力的缺失，使這些分裂症的小孩，從小就無法掌握「應對」的規律。他所經歷的每一瞬間，可能跟前一瞬間的瞬息是無法聯繫在一起的。他的世界是一團混亂，只有逃離「社交」的場合，把自己鎖在極端孤獨的小天地中。

在測試各項心智活動的同時，研究者也檢驗這兩組兒童在腦波型態的異同。結果發現，正常兒童在特定的作業上合有左右腦側化的特定型態，而這些分裂症兒童在左右腦的特定功能上似乎有異於常態的組合。

這個新的研究報告，使我們對精神分裂症病人的認知能力有一些新的認識。但不論是「記憶缺失論」或是「腦神經組合異常論」都只是研究者的假設而已，因爲我們可以這麼說：「也許有另一個原因造成精神分裂症，而就是因爲分裂症，才有記憶缺失與腦波異常的後果。」何者爲因？何者爲果？仍有待進一步的釐淸。也許科學的進展就是靠這麼不停的質疑而來的，不是嗎？